ISBN 978-3-662-13069-8 ISBN 978-3-662-13068-1 (eBook)
DOI 10.1007/978-3-662-13068-1

Aus dem Untersuchungslaboratorium der BASF Ludwigshafen a. Rh.

Systematik und qualitative Untersuchung capillaraktiver Substanzen*.

Von

BERNHARD WURZSCHMITT.

Herrn Dr. OTTO AMBROS, Ludwigshafen, zugeeignet.

Mit 1 Textabbildung.

(Eingegangen am 24. November 1949.)

Nicht nur die Zahl der als Textilhilfsmittel vorgeschlagenen, sondern auch die der in der Praxis gebrauchten Produkte ist bereits eine sehr große geworden[1]. Es ist deshalb nicht verwunderlich, daß man immer wieder den Wunsch nach einem einfachen und raschen qualitativen Analysengang für sie hört. Auch der Analytiker, dem alle Hilfsmittel eines modernsn Industrielaboratoriums zur Verfügung stehen und der bis jetzt im allgemeinen die quantitative Bestimmung vorzog, kommt neuerdings manchmal in die Lage, sich ganz schnell über die Natur eines fremden Produktes orientieren zu müssen. Außerdem kann er sich oft den quantitativen Untersuchungsgang sehr vereinfachen, wenn er schon die Körperklasse bzw. die Körperklassen kennt, denen das Untersuchungsobjekt angehört. Neuerdings gewinnen auch Mischungen verschiedener capillaraktiver Substanzen immer mehr an Bedeutung. Ihre quantitative Trennung bzw. Bestimmung nebeneinander ist noch nicht in allen Fällen möglich, z. B. bei Gemischen aus „Nekalen“ und „Mersolaten“. Deswegen haben wir es unternommen, einmal zu untersuchen, wieweit man mit rein qualitativen Prüfungen in diesem Falle kommen kann. Es war uns dabei von vornherein klar, daß es zwar wahrscheinlich möglich sein wird, die einzelnen, genau definierten Produkte, die in technischer Reinheit,

* Vortrag gehalten auf der Tagung der Deutschen Gesellschaft für Fettwissenschaft in Münster/Westf. am 9. September 1949 und vor dem Arbeitsausschuß VI dieser Gesellschaft in Rothenburg o./T. am 24. November 1949.

[1] Vgl. J. HETZER, Textilhilfsmitteltabellen, 2. Aufl. Berlin: Springer 1938. — L. DISERENS, Neueste Fortschritte und Verfahren in der chemischen Technologie der Textilfasern, Bd. I Basel: Birkhäuser 1941. — J. W. MCCUTCHEON, Synthetic Detergents, Chem. Inds. **61**, 811 (1947). — CHWALA, A.: Textilhilfsmittel. Wien: Springer 1939.

also nur mit den bei ihrer Herstellung nicht vermeidbaren Begleitstoffen zusammen vorliegen, zu identifizieren, daß aber bei Gemischen sehr große Schwierigkeiten auftreten würden. Trotzdem haben wir versucht auch dieses Problem zu lösen, weil sonst die qualitative Untersuchung von vornherein ziemlich an Wert verlieren würde. Zur Lösung dieser Aufgabe liegen bereits einige Vorschläge vor.

A. BOHANES[1] schlug folgenden Gang vor: „Die Substanz wird in heißem Wasser gelöst und die Lösung verdünnt — zur Vermeidung der Ausscheidung von $CaSO_4$ aus etwa im Waschmittel vorhandenem Na_2SO_4 bei der Fällung der Seifen. — Alkalische Reaktion[2] beweist die Gegenwart von Seifen, welche durch 1%ige Ca-Acetatlösung + etwas konz. Essigsäure ausgeschieden werden. Sind sulfonierte Alkohole oder Igepon vorhanden, so wird Emulsionsbildung durch Zusatz überschüssiger Essigsäure verhindert. Der Niederschlag der Ca-Seifen wird nach Durchschütteln filtriert und der Niederschlag durch Kochen mit Salzsäure zersetzt. Anwesenheit von Fettsäuren oder freier H_2SO_4 beweist die Anwesenheit von Seifen oder sulfonierten Ölen. Entsteht mit Ca-Acetat kein Niederschlag, dann sind weder Seifen noch sulfonierte Öle im Waschmittel zugegen. Das Filtrat wird eingeengt auf ½ Vol. und mit überschüssigem Pb-Acetat versetzt. Der Niederschlag besteht aus Pb-Salzen sulfonierter Alkohole und den Pb-Verbindungen hochsulfonierter Öle. Der Niederschlag wird nach Waschen usw. mit Salzsäure 1 Std schwach gekocht und die aufschwimmende Schicht nach Auswaschen mit Natronlauge behandelt. Bildung von Seifen beweist Gegenwart von Fettsäuren aus sulfonierten Ölen. Findet keine Seifenbildung statt, so liegen Fettalkohole vor. Reagiert die Masse nach Trocknen mit Na unter Entwicklung von H_2, so ist die Gegenwart von Fettalkoholen bewiesen. Reagiert die Masse mit Natronlauge und mit Na, so lagen sowohl sulfonierte Öle wie Fettalkohole vor. Das Filtrat nach Trennung der sulfonierten Fettalkohole und Öle wird mit Ba-Acetat + Essigsäure behandelt; das gebildete $BaSO_4$ setzt sich im Scheidetrichter unten ab, während die Ba-Verbb. der Igeponkondensationsprodd. sich oben über der Fl. ansammeln. Sie werden mit Salzsäure gekocht; Gegenwart von H_2SO_4 und Stickstoff (mit Natronlauge) beweist das Vorliegen von Igepon T; konnte die Sulfosäure, aber kein Stickstoff nachgewiesen werden, so liegt Igepon A vor. Sind weder Sulfosäure noch Stickstoff nachweisbar, so lagen Lamepone vor, welche im ursprünglichen Muster durch die Biuretrk. nachgewiesen werden."

K. LINSENMEIER[3] teilt in 8 Gruppen und verfährt nach dem Schema[4]:

1. Die Substanz wird in 1 ml dest. Wasser gelöst und mit 3 ml 5%iger Essigsäure kurz aufgekocht.

2. Die gleiche Substanzmenge (also 1 Prise oder 3 Tropfen) wird nach Auflösen in 1 ml dest. Wasser mit 10 ml $CaCl_2$-Lösung von 20° D.H. kurz aufgekocht.

zersetzt:	*unzersetzt:*	
(bzw. Fällung)	III. Hochsulfonierte Öle.	VI. Fettsäurekondensate.
I. Seifen.	IV. Naphtalinsulfosäuren.	VII. Eiweißfettsäurekondensate.
II. Sulfonierte Öle.	V. Fettalkoholsulfonate.	VIII. Äthylenoxydkondensate.

[1] Chem. Obzer **11**, 155 (1936); vgl. Chem. Zbl. **108**, I, 1833 (1937).

[2] der heißen verdünnten Lösung (ergänzt durch den Verf.).

[3] LINSENMEIER, K.: Melliand Textilber. **21**, 468 (1940).

[4] Dazu spezielle Reaktionen: Netzprüfung, Alkalischmelze, Veraschung und Prüfung mit neutraler $KMnO_4$-Lösung.

Untergruppe a

Getrocknete Substanz in konz. Alkohol lösen, nach Filtrieren eindampfen u. veraschen, nur II gibt Asche mit SO_4-Reaktion.

Je eine Prise oder 3 Tropfen in 3 ml Wasser lösen und kalt 1 Tropfen konz. Salzsäure zusetzen.

starke Trübung:

III. Hochsulfonierte Öle.
VII. Eiweißfettsäurekondensate.

unzersetzt:

IV. Naphtalinsulfosäuren.
V. Fettalkoholsulfonate.
VI. Fettsäurekondensate.
VIII. Äthylenoxydkondensate.

Untergruppe b

Nur VII gibt Biuretreaktion.

Eine Prise oder 3 Tropfen der urspr. Substanz in 2 ml dest. Wasser lösen, mit 5 ml konz. Salzsäure versetzen u. dreimal kurz aufkochen, dazwischen jeweils 2—3 min stehen lassen, dann in 10 ml kaltes, dest. Wasser schütten unter Umrühren.

starke Trübung:

IV. Naphtalinsulfosäuren.
V. Fettalkoholsulfonate.

unzersetzt:

VI. Fettsäurekondensate.
VIII. Äthylenoxydkondensate.

Untergruppe c

Nur IV gibt mit $CuSO_4$ Fällung.

Untergruppe d

Nur VI gibt N-Nachweis nach LASSAIGNE; ferner in Alkohol gelöst u. verascht weissen Rückstand mit SO_4-Nachweis. VIII gibt keine Asche.

Ein sehr umfangreiches Untersuchungsschema gibt J. A. VAN DER HOEVE[1]. Er diskutiert die Arbeiten von JOHN H. SKINKLE[2], der Salzsäure und Natronlauge als Reagenzien zur Unterscheidung zwischen anion- und kationaktiven Verbindungen vorschlug, und von HERMANN B. GOLDSTEIN[3], der als Ergänzung noch eine elektrische Methode empfahl. Wir bringen sie als Anmerkung[4], weil sie vielleicht zum raschen Nachweis von Anion-Kationverbindungen geeignet ist.

Wir stimmen VAN DER HOEVE in seiner Kritik der bisher veröffentlichten Vorschläge zu. Sie sind nicht universell genug und geben deshalb zu Irrtümern Anlaß.

[1] Rec. Trav. chim. Pays-Bas, **67**, 649 (1948).

[2] Amer. Dyestuff Reptr. **35**, 449 (1946).

[3] Amer. Dyestuff Reptr. **36**, 629 (1947).

[4] Die 5%ige wäßrige Lösung der Probe wird geprüft durch Einbringen von zwei Kupferstreifen in dieselbe, die mit den Polen einer 45 Volt-Gleichstromquelle verbunden sind. Sammelt sich organische Substanz (erkennbar am schleimigen oder seifigen Gefühl) an der Anode, so ist die Substanz als anionisch anzusprechen; sammelt sie sich an der Kathode, so ist kationische Substanz vorhanden.

Zum Teil fehlen wichtige Gruppen von in den letzten Jahren sehr bedeutsam gewordenen Stoffen, wie z. B. die „Mersolate“ und die Alkylolaminkondensate.

VAN DER HOEVE stellt zunächst von einer capillaraktiven Substanz unbekannter Konstitution fest, ob sie kation- bzw. anionaktiv oder nicht ionogen ist. Außerdem prüft er auf den Stickstoffgehalt, wobei er Verbindungen, die Stickstoff lediglich als Ammoniumkation enthalten, zu den stickstofffreien Verbindungen zählt. Demgemäß ergeben sich 6 Gruppen mit speziellen Untersuchungsgängen. Es erscheint uns wichtig darauf hinzuweisen, daß sich in diesen Untersuchungsgängen zahlreiche Kreuzungspunkte befinden, an denen positive oder negative Reaktion beobachtet wird. Ist die Reaktion negativ, ist sie eindeutig. Ist sie aber positiv, dann können neben Verbindungen der positiven Abzweigung jeweils auch noch solche der negativen Abzweigung vorhanden sein, die dann übersehen werden. Viele Teste der VAN DER HOEVEschen Methode erfordern relativ lange Zeit und viel Handarbeit; manche sind schon fast quantitative Titrationen. Wir bemühten uns deshalb den Untersuchungsgang rein qualitativ, einfach und schnell ausführbar zu gestalten und für möglichst viele Verbindungstypen direkte Nachweisreaktionen zu finden, die durch die Gegenwart anderer Typen nicht gestört werden.

Um durch die Anwesenheit von anorganischen Salzen (Sulfaten, Phosphaten, Carbonaten, Silicaten usw.) von Sauerstoffperverbindungen, Tylose usw. nicht gestört zu werden, verwenden wir als Untersuchungsobjekt nicht die handelsübliche Form der capillaraktiven Substanz, also z. B. nicht das Waschpulver, wie es die Hausfrau im Laden kauft. Die Probe wird zunächst bei 100—130° C getrocknet und dann mit wasserfreien Alkoholen (in der Regel Methanol, manchmal auch Äthanol oder Isoamylalkohol oder Gemische dieser Alkohole mit Chlorkohlenwasserstoffen) quantitativ extrahiert. Der Extrakt wird, wenn erforderlich, mit Natronlauge gegen Phenolphthalein neutral gestellt (Tüpfeln gegen Phenolphthaleinpapier, keinen Indicator in die Lösung geben) und das Lösungsmittel restlos abgedampft (Nachtrocknen im Trockenschrank bei 100—130° C). Außer der capillaraktiven Substanz (eventuell ein Gemisch verschiedener Stoffklassen), kann der Extraktionsrückstand noch kleine Mengen Natriumchlorid und eventuell Harnstoff[1] enthalten, wenn diese in der ursprünglichen Probe vorhanden waren. In diesen vereinzelten Fällen, deren Vorliegen für den Praktiker unschwer zu erkennen ist, ist es erforderlich, höhersiedende Lösungsmittel eventuell im Vakuum zu entfernen oder zweckmäßig die capillaraktiven Stoffe der wäßrigen Lösung nach ihrer Sättigung mit Natriumsulfat oder Kochsalz durch Ausschütteln mit Äther zu entziehen.

Von anderer Seite wird folgende Arbeitsweise empfohlen: Die Substanzen werden nicht getrocknet, sondern sogar zuerst in Wasser gelöst und dann mit Alkohol ausgefällt. Nach dem Abfiltrieren der ausgefallenen anorganischen Salze wird die wäßrig-alkoholische Lösung — eventuell neutralisiert — zur Trockne gedampft und nun mit Alkohol erschöpfend extrahiert. So ist nach unseren Erfahrungen nur zu verfahren, wenn die Substanz keine Sauerstoffperverbindungen enthält, die während

[1] Bzw. Na-Salze von Monocarbonsäuren.

des Eindampfens der wäßrig-alkoholischen Lösung die capillaraktiven Stoffe unter Umständen schon weitgehend verändern.

Von dem auf diese Weise gewonnenen Extraktrückstand stellen wir uns jeweils eine 1%ige wäßrige und eine 2%ige methanolische Lösung her, wobei man schon aus der Beschaffenheit der Lösungen gewisse Schlüsse auf die Natur der capillaraktiven Substanzen ziehen kann. So reagieren z. B. die wäßrigen Lösungen von Seifen meist, die von Alkylolaminderivaten gelegentlich gegen Phenolphthalein alkalisch. Die Lösungen von Seifen, niedrig- und mittelsulfierten Türkischrotölen, Fettsäurekondensationsprodukten mit Oxyalkylsulfosäuren, Aminocarbonsäuren und Eiweißabbauprodukten, niedrig oxäthylierten Produkten mit langem hydrophobem Rest usw. in Wasser sind oft trüb, während Alkylarylsulfonate, „Mersolate", Kondensationsprodukte von Fettsäuren mit Aminoalkylsulfosäuren und hoch oxäthylierte Produkte vollkommen klare Lösungen ergeben. Zum Nachweis der Anionaktivität benützt VAN DER HOEVE „Solidogen BSE"[1]. Wir konnten seine Eignung bestätigen, fanden aber, daß auch ternäre und quarternäre kationaktive Verbindungen[2], wie z. B. „Eulan NKFW"[3] und „Zephirol"[4] genau so gut brauchbar sind. Auch Pyridinium- sowie andere kationaktive Stoffe, z. B. „Levogen WW" geben die gleiche Reaktion[5]. Interessant ist — VAN DER HOEVE berichtet darüber nichts —, daß in den meisten Fällen sich der zuerst an der Eintropfstelle auftretende Niederschlag wieder löst, daß dann allmählich ein Maximum der Ausfällung auftritt, dem bei weiterer Reagenszugabe eine mehr oder minder vollständige Auflösung des Niederschlags folgt. Das heißt, daß die dabei entstehenden Anion-Kation-Fällungen sowohl in der Lösung eines anion- als auch eines kationaktiven Salzes löslich sind. Diese Löslichkeit hängt, wie wir fanden, sehr stark von der Konstitution der beiden Bestandteile der Anion-Kation-Verbindung[6] ab, so daß man daran denken kann, darauf Methoden zur Konstitutionsermittlung, sowie zur Gehaltsbestimmung zu gründen. Wir werden demnächst darüber berichten.

Den Reaktionsverlauf kann man in der Weise darstellen, daß das große Kation (Z = Zentralatom) der kationaktiven Verbindung mit dem großen Anion der anionaktiven Verbindung zu einer wasserunlöslichen Kation-Anion-Verbindung zusammentreten und ausfallen nach der Gleichung:

---

[1] Farbwerke Casella, Mainkur.

[2] Nach Abschluß unserer Arbeiten fanden wir (Seifen-Öle-Fette-Wachse, **75**, 305 [1949]) eine Mitteilung von Dr. N., daß anionaktive Stoffe mit quarternären Ammoniumsalzen unter stöchiometrischen Verhältnissen reagieren.

[3] Farbenfabriken Bayer, Leverkusen.

[4] Farbenfabriken Bayer, Leverkusen u. BASF, Ludwigshafen a. Rh.

[5] Auch Diazoniumsalze gehören zu den kationaktiven Verbindungen.

[6] Und auch von der der lösenden Verbindung.

$$\left[\times\,R{-}Z\right]^{+}\cdot \text{Säurerest}_1^- + R^1\text{-Säurerest}_2^-\cdot Me^+ =$$

$$\left[\times\,R{-}Z\right]-\text{Säurerest}_2-R^1+\text{Säurerest}_1^-\cdot Me^+$$

Wir fanden weiter, daß auch „Luresin"[1] ebenfalls mit allen anionaktiven, nicht dagegen mit den kationaktiven und nicht ionogenen Verbindungen Fällungen ergibt[2].

Dieser für die experimentell bewiesene und analytisch ausnutzbare gegenseitige Ausfällung anion- bzw. kationcapillaraktiver Verbindungen angenommene Reaktionsverlauf erinnert daran, daß auch Diarylmethan-, Triarylmethan-, Xanthen-, Acridin-, Chinolin-, Chinonimin-, Azin- und Thiazinfarbstoffe mit den charakteristischen Atomgruppierungen:

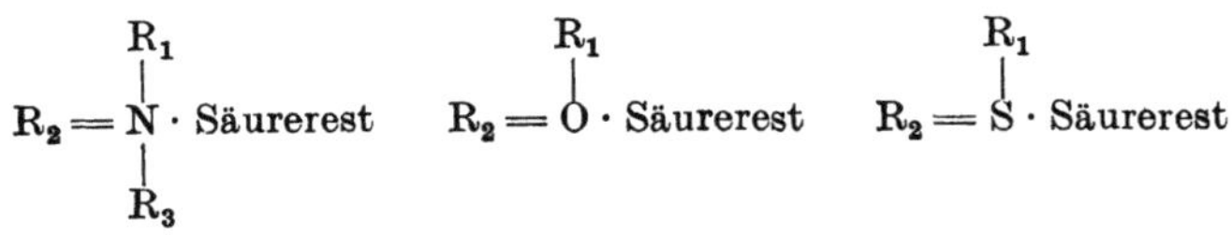

anionaktiven Farbstoffen gegenüber kationaktiv wirken. Umgekehrt werden sich $-SO_3Na$ bzw. $-CO_2Na$-Gruppen tragende Farbstoffe, also in der Hauptsache alle entsprechenden Azofarbstoffe einschließlich der Stilben-, Pyrazolon-, Chinolin- und Thiazolfarbstoffe kationaktiven Farbstoffen gegenüber anionaktiv verhalten, d. h. sie müßten sich in wäßriger Lösung gegenseitig ausfällen. Das trifft auch in weitestem Umfange zu. Als Beispiele seien genannt die Paare Erythrosin J, Tartrazin, Naphtholschwarz B, Thiazinrot R, Naphtholgrün B, Alizarindirektblau AII G und Palatinechtbraun NC einerseits und Auramin andererseits. Weiter Naphtholgelb SXX, Chlorantinlichtbraun BRLL, Chrysoin SGX, Cochenillerot A und Chinolingelb O mit Krystallviolett, Kongorot und Primulin A mit Methylenblau, Thiazinrot B mit Brillantgrün, Chikagoblau B und Palatinechtbraun NC mit Pyronin, Naphtholschwarz B mit Pinakryptolgrün, Erythrosin J und Kongorot mit Safranin T und schließlich Naphtholgrün B mit Malachitgrün (in 5%iger bzw. gesättigter wäßriger Lösung). Auch hier wird das große Kation der basischen durch das große Anion der sauren Farbstoffe blockiert und ein unlöslicher Anion-Kation-Farbstoff ausgefällt[3]. Für das Paar Metanilgelb—Malachitgrün sei die Reaktionsgleichung hier angeführt:

---

[1] BASF. Ludwigshafen a. Rh.

[2] Dasselbe gilt von Nitron in essigsaurer Lösung, Leukotrop O u. W (Dimethylphenylbenzylammoniumchlorid) und Antistin der CIBA (Antiallergicum, 2-Phenylbenzylaminomethylimidazolinhydrochlor.).

[3] Von dieser Eigenschaft macht man gelegentlich bei der Herstellung gebrochener Mischfarblackstoffe Gebrauch. Vgl. ULLMANN: Enzyklopädie der techn. Chemie, 2. Aufl., V, 90. Berlin-Wien: Urban u. Schwarzenberg 1930.

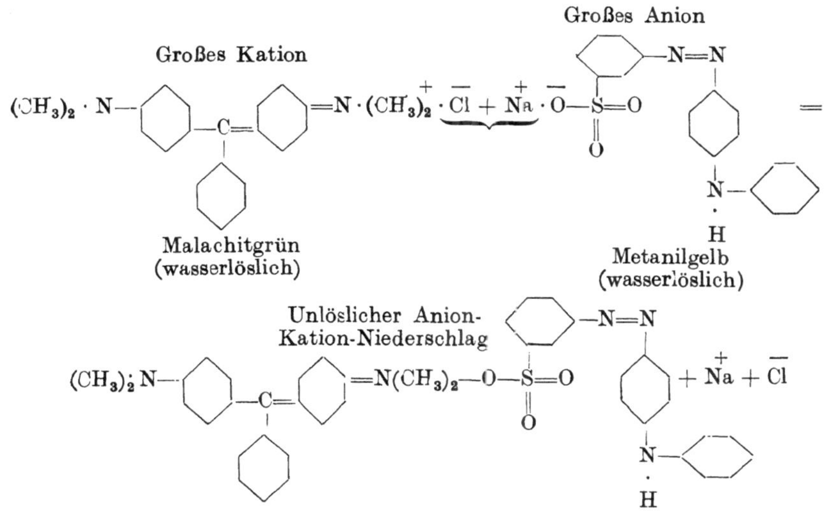

und ihr zum Vergleich das Paar „Zephirol“–„Nekal“ gegenübergestellt:[1]

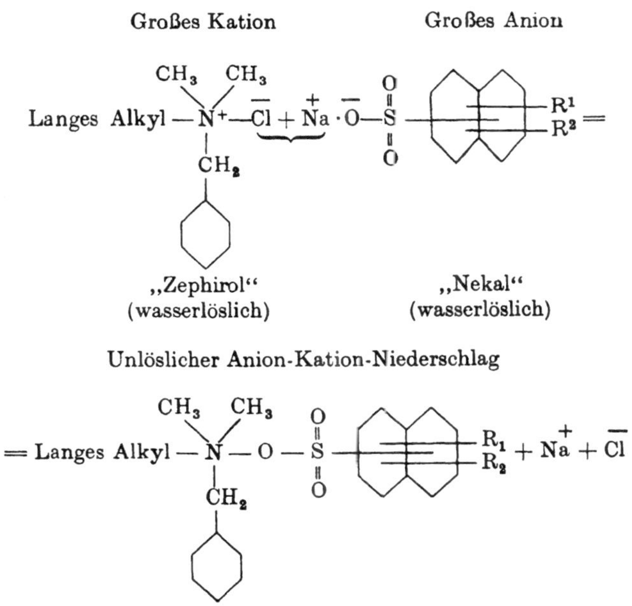

Die Ausfällung der unlöslichen Anion-Kation-Komplexe erfolgt meist in so glatter und quantitativer Weise, daß man die Farbstoffpaare

[1] Vgl. REYCHLER u. H. BERTSCH, die Triäthylcetylammoniumcetylsulfat, Laurylpyridiniumlaurat und Laurylpyridiniumlaurylsulfat beschreiben. Angew. Chem. **48**, 53 (1935) und ebenda **47**, 424 (1934).

gegenseitig bis zum praktisch farblosen Auslauf auf Filtrierpapier titrieren kann.

G. SCHWEN[1] unterscheidet bei der Beeinflussung der Egalität einer Färbung und der Durchfärbung eines Gewebes durch Textilhilfsmittel faseraffine und farbstoffaffine Egalisiermittel. Als faseraffin bezeichnet er z. B. „Igepon T", „Leonil S", Palmitinsulfosäure und Fettalkoholsulfonate; als farbstoffaffin Fettalkoholäthylenoxydkondensationsprodukte.

Die Tatsache, daß es farbstoffaffine Textilhilfsmittel gibt, legte uns den Gedanken nahe, zu versuchen, ob man bei der qualitativen und quantitativen Analyse von Textilhilfsmitteln nicht auch geeignete organische Farbstoffe heranziehen kann. Wir fanden, daß dies in der Tat der Fall ist[2] In vollkommener Analogie mit der gegenseitigen Ausfällung von anion- und kationcapillaraktiven Substanzen und von basischen und sauren Farbstoffen, werden auch anion-capillaraktive Stoffe durch basische und kation-capillaraktive Stoffe durch saure Farbstoffe gefällt, wie die nachfolgende Tabelle zeigt:

Fällbarkeit von kation-capillaraktiven Verbindungen durch anionaktive (saure) und von anion-capillaraktiven Verbindungen durch kationaktive (basische) Farbstoffe.

	Es wird gefällt	
„Eulan NKFW"	z. B. durch	Chlorantinlichtbraun BRLL
	„ „	Palatinechtbraun NC
	„ „	Naphtholgrün B
	„ „	Alizarindirektblau AIIG
„Solidogen BSE"	„ „	Naphtholgelb SXX
	„ „	Uranin A
	„ „	Chikagoblau B
„Zephirol"	„ „	Naphtholgrün B
	„ „	Palatinechtbraun NC
	„ „	Naphtholschwarz B
„Levogen WW"	„ „	Naphtholgelb SXX
	„ „	Primulin A
	„ „	Erythrosin J
„Peregal OK-Base"	„ „	Palatinechtbraun NC
	„ „	Primulin A

---

[1] Monatshefte f. Seide, Kunstseide u. Zellwolle **43**, 360 (1938). Vor ihm tat das schon C. SCHÖLLER: Melliand Textilber. **15**, 357 (1934) u. **18**, 234 (1937). Vgl. auch E. VALKÓ: Österr. Chem. Ztg. **40**, 465 (1937). (Arbeiten aus den Forschungslaboratorien der früheren IG. Farbenindustrie BASF Ludwigshafen/Rh).

[2] Nachträglich wurde uns bekannt, daß A. HARTMANN (interner Laborbericht BASF Ludwigshafen/Rh. vom 23. Juni 1943) schon Siriusrot 4B zur Titration von „Soromin FL" bis zum Koagulationspunkt benutzt hat.

S. R. EPTON: Nature **160**, 795 (1947) titriert anioncapillaraktive Stoffe mit quarternären Ammoniumverbindungen unter Schütteln mit Chloroform und Methylenblau als Indicator.

„Sapamin CH“	z. B. durch Congorot
	„ „ Naphtholgrün B
	„ „ Chlorantinlichtbraun BRLL
„Peregal K“	„ „ Naphtholgelb SXX
	„ „ Erythrosin J
„Luresin“	„ „ Chinolingelb O
	„ „ Congorot
	„ „ Safranin T
	„ „ Naphtholgrün B
	„ „ Erythrosin J
	„ „ Heliogenblau SBL
„Nekal BX“[1]	„ „ Brillantgrün
	„ „ Methylenblau
	„ „ Auramin
	„ „ Pinakryptolgrün
„Nacconol E“	„ „ Safranin T
	„ „ Rhodulinorange NO
	„ „ Brillantgrün
„Mersolat“	„ „ Safranin T
	„ „ Brillantgrün
	„ „ Rhodulinorange NO
Seife	„ „ Malachitgrün
	„ „ Pinakryptolgrün
	„ „ Rhodulinorange NO
Fettalkoholsulfonate	„ „ Methylenblau
	„ „ Rhodulinorange NO
	„ „ Brillantgrün
Sulfierte Öle (auch hochsulfierte)	„ „ Rhodulinorange NO
Sulfobernstein- u. Sulfophthalsäureester	„ „ Brillantgrün
	„ „ Rhodulinorange NO
Dicarbonsäuremonoester	„ „ Brillantgrün
	„ „ Rhodulinorange NO
„Igepon A“	„ „ Rhodulinorange NO
„Igepon T“	„ „ Rhodulinorange NO.

Als sehr empfindlich hat sich die Verwendung von Naphtholgelb SXX und Heliogenblau SBL für den Nachweis von kation- und die von Rhodulinorange[2] für den Nachweis von anionaktiven Verbindungen erwiesen. Entsprechende Farbstoffe als Reagenzien gestatten z. B. aus Mischungen von anion- bzw. kationcapillaraktiven mit nichtionogenen Verbindungen die ersteren quantitativ abzuscheiden und abzufiltrieren und die letzteren im Filtrat nachzuweisen und zu bestimmen, wenn man mit den Farbstofflösungen unter Tüpfeln auf geeignetes Filtrierpapier bis zum farblosen Auslauf titriert[3]. Bei der Fällung mit anion- bzw. kationcapillaraktiven Stoffen hat man diese Möglichkeit nicht, weil man den Endpunkt der Ausfällung nicht einfach bestimmen kann. Besonders

[1] Die Nekale waren die ersten vollsynthetischen Textilhilfsmittel. Erfinder Dr. F. Günther, DRP 336558 (1925), BASF Ludwigshafen/Rh.

[2] BASF, Ludwigshafen a. Rh.

[3] Es ist dabei manchmal zweckmäßig, Kochsalz oder ein anderes Salz zuzusetzen.

schöne farblose Ausläufe ergaben z. B. Brillantgrün für anion-, Cochenillerot A und Heliogenblau SBL für kationcapillaraktive Verbindungen[1].

Nach den bis jetzt mitgeteilten Befunden mußte sich diese Ausfällreaktion zwischen großem Kation und großem Anion sicher nicht nur auf capillaraktive Verbindungen und Farbstoffe erstrecken, sondern allgemein gültig sein. Es wird nur darauf ankommen, ob die entsprechenden Anionen und Kationen bei ihrem Zusammentritt ein schwer- bzw. unlösliches Salz ergeben. Diese Vermutung ließ sich in weitem Umfange bestätigen, wie die folgende Tabelle zeigt:

Kationcapillaraktive[2] Verbindungen werden ausgefällt durch die Alkalisalze[3] von z. B.:

Benzoesäure
Phthalsäure
Naphthalsäure
Naphthoesäure
β-Oxynaphthoesäure
Sulfanilsäure
Anthranilsäure
Hippursäure
p-Amidobenzoesäure
4'Nitro-4-Amino-diphenylamin-2'-sulfosäure
Chinizarin-2-sulfosäure
„Tamol NNO" / „Neradol ND"[4]
Sulfosalicylsäure
Trichloressigsäure
Salicylsäure
p-Dimethylamidobenzoesäure
Adipinsäure
Bernsteinsäure
Butantetracarbonsäure
p-Amidosalicylsäure
Isatinessigsäure
1-Amido-4-Brom-anthrachinon-2-sulfosäure
1,8-Aminonaphthol-3,6-disulfosäure (H)
Polyacrylsäure
„Katanol O"[5]
Phenol (als Typ)
Phenolnatrium

---

[1] W. ENDER u. A. MÜLLER, BASF Ludwigshafen/Rh., haben über die Vorgänge beim Färben der Wolle mit Palatinechtfarbstoffen (saure, Chrom in komplexer Bindung enthaltende Farbstoffe) berichtet. Melliand Textilber. **19**, 65, 181 u. 272 (1938). Wir wollen das Verhalten auch dieser Farbstoffe zu den verschiedenen Typen capillaraktiver Verbindungen prüfen, um daraus evtl. Rückschlüsse auf die chemischen Vorgänge bei der Bindung der Palatinechtfarbstoffe an die Wollfaser zu ziehen.

[2] Zum Teil nur die ternären und quarternären Verbindungen.

[3] Auch durch andere lösliche Salze und teilweise auch durch die freien Säuren.

[4] Kondensationsprodukte von Formaldehyd mit Naphthalinsulfosäuren.

[5] Schwefelungsprodukte von Phenol, Kresol und ihren Derivaten.

Krystallose[1] (als Typ)
Harnsäure (als Typ)
Oxyphenylchinolindicarbonsäure
Pikrinsäure
2-4-Dichlorphenoxyessigsäure
Gerbsäure
Phenylhydrazin-2-sulfosäure
Pikrolonsäure
Anthraflavinsäure
2,3,6-Naphtholdisulfosäure (R)
2,6-Naphtholsulfosäure (Schäffer)
Cellulosexanthogensäure
Celluloseglykolsäure (Tylose)[2]
Pektin
Monochloressigsäure usw.

Wir haben diese Beispiele[3] nur abtastend herausgegriffen (sie lassen sich sicher zahlreich vermehren) und beabsichtigen sie für analytische Zwecke weiter zu untersuchen. Soweit in obigen Beispielen für einzelne kationcapillaraktive Verbindungen Ausnahmen bestehen, werden wir später bei der Untersuchung dieser Gruppe noch darauf zurückkommen.

Außer diesen organischen Reagenzien auf kationcapillaraktive Verbindungen gibt es aber auch anorganische Fällungsmittel. Daß „Eulan NK"[4] (Triphenyl-3,4-Dichlorbenzylphosphoniumchlorid) mit Jodlösung titriert werden kann und daß es durch „Eulan neu"[4] (Di-[1,1' Oxy-2,2'-4,4' Chlor]-2-sulfophenylmethan) quantitativ ausgefällt wird, haben J. W. Gross und E. v. Roll[5] schon gezeigt. Karl Heidler[6] bestimmt „Eulan NK und NKF" durch Fällung mit Jodkalium. Nach Hermann Roth[7] gibt „Eulan neu" mit Kupfertetraminsulfat moosgrün gefärbte Komplexverbindungen, während „Eulan NK" Jodlösung addiert. E. Flotow[8] berichtet, daß quarternäre Ammoniumverbindungen mit Lauge NH_3 abspalten und in 1%iger Lösung Niederschläge ergeben mit Salpetersäure, den meisten Alkaloidfällungsreagenzien, Nesslers Reagenz, Bromwasser,

---

[1] Benzoesäuresulfinidnatrium. 2 H_2O (Saccharin).

[2] Neu, Richard: Fette u. Seifen **52**, 23 (1949), berichtet gleichzeitig und unabhängig von uns über die Fällung dieser Säure durch langkettige quarternäre Ammoniumverbindungen (Zephirol), während wir die allgemeine Fällbarkeit dieser Säure mit großem Anion durch Verbindungen mit großem Kation, also z. B. auch durch „Levogen WW", „Luresin" und basische Farbstoffe erkannten.

[3] Wir wollten sie bringen für Naturstoffe und Farbstoffe, Zwischenprodukte, Wuchsstoffe, Vitamine und Pharmazeutika, um auf die allgemeine Bedeutung der hier gebrachten Reaktionen hinzuweisen.

[4] Farbenfabriken Bayer, Leverkusen (Vgl. H. Stötter, Angew. Chem. **59**, 145 1947).

[5] Melliand Textilber. **21**, 525 (1940).

[6] Melliand Textilber. **21**, 407 (1940).

[7] Klepzig's Text. T. **4**, 129 (1938).

[8] Pharmaz. Zentralhalle **1942**, 181.

Trichloressigsäure, Perchlorsäure, Ammoniumpersulfat, Ferro- und Ferricyankalium. Wir haben darüber hinaus noch zahlreiche anorganische Fällungsreagenzien gefunden, die in der folgenden Tabelle mit verzeichnet sind:

Kationcapillaraktive[1] *Verbindungen werden gefällt durch*
z. B. (zum Teil auch durch andere Salze und durch die freien Säuren):

Ammoniummolybdat	*Platinchlorid*	Kaliumpermanganat
Ammoniumkobaltrhodanid[2]	*Goldchlorid*	Ferrocyankalium
Ammoniumrhodanid	Kobaltchlorür	*Ferricyankalium*
Ammoniumjodid	MOHRsches Salz	Natriummetaphosphat
Ammoniumbromid	*Nitroprussidnatrium*	Natriumselenit
Ammoniumbromat	Natriumcyanat	*Jod-Jodkali* (KJ_3)
Ammoniumbichromat	Natriumchlorat	*Brom-Bromkali* (KBr_3)
Ammoniumchromat	*Natriumperchlorat*	Jodwasser (J)
Ammoniumnitrat	Salpetersäure	*Bromwasser* (Br)
Ammoniumpersulfat	Natriumazid	*Kieselwolframsaures Natrium*
Ammoniumsillicofluorid	Natriumthiosulfat	*Phosphorwolframsaures Natrium*
Ammoniumwolframat	Natronlauge	*Phosphormolybdänsaures Natrium*
Ammoniumoxalat	Brechweinstein	*Phosphormolybdänwolframsaures Natrium*
Nesslers Reagenz	*Mayers Reagenz*	
Ammon-metavanadat	Natriumfluorid	*Dragendorffs Alkaloid-Reagens*
		usw.

An Stelle der angegebenen Salze können auch andere wasserlösliche Salze der betreffenden Säuren verwendet werden. Die in Kursivdruck angeführten Reagenzien fällten sämtliche von uns untersuchten kationcapillaraktiven Verbindungen, die anderen nur zum Teil. Dadurch ist eine Unterscheidung zwischen den einzelnen Verbindungen möglich, worauf noch zurückgekommen wird.

Zum Nachweis von kationcapillaraktiven Stoffen benutzt VAN DER HOEVE[3] „Resolin B“, das etwa dem „Nekal BX“ entspricht, also ein anioncapillaraktiver Stoff ist. Wir haben gezeigt, daß es außer „Solidogen BSE“ und „Resolin B“ (das erstere kation-, das letztere anioncapillaraktiv) zum Nachweis dieser beiden Gruppen capillaraktiver Stoffe noch eine große Anzahl organischer und anorganischer Reagenzien gibt und fassen dieses Ergebnis zur besseren Übersicht noch einmal in einer allgemeinen Tabelle zusammen[4].

Die meisten Reaktionen werden von den nichtionogenen Verbindungen nicht gegeben und von ihnen auch nicht gestört. Ausnahmen sollen später erörtert werden.

Man sollte nach dem Gesagten eigentlich erwarten, daß kation- und anionaktive Substanzen, wenn sie wasserlöslich sind, nicht nebeneinander

---

[1] Zum Teil nur die ternären und quarternären Verbindungen.

[2] Dieses Reagens wurde von H. WEBER zum Nachweis von Alkoholen, Ketonen und Estern in Lösungsmitteln vorgeschlagen. Praktische Lösungsmittelanalyse, Verlag J. Ambrosius Barth, Leipzig 1936, S. 3.

[3] Rec. Trav. chim. Pays-Bas, **67**, 649 (1948).

[4] VAN DER HOEVE weist auch schon darauf hin, daß im Prinzip nicht nur „Resolin B“, sondern alle anionaktiven Textilhilfsmittel verwendet werden können.

vorhanden sein können. Wir haben aber schon oben auf unsere Beobachtung aufmerksam gemacht, daß sowohl wenig kationaktive Substanz mit viel anionaktiver Substanz und umgekehrt, auch nach dem Eindampfen

Fällungsmittel für kation- und anioncapillaraktive Stoffe.

Es werden wechselseitig gefällt	durch
Kationcapillaraktive Verbindungen	Anioncapillaraktive Verbindungen Saure Farbstoffe mit großem Anion Organische Karbon- und Sulfosaure Salze mit großem Anion (Tab. S. 114 u. 115) Anorganische u. organischer Verbindungen mit geeignetem Anion (Tab. S. 114—116)
Anioncapillaraktive Verbindungen	Kationcapillaraktive Verbindungen Basische Farbstoffe mit großem Kation Organische Verbindungen mit großem Kation Anorganische Verbindungen mit großem Kation, z. B. Tonerdeverbindungen

ihrer Lösungen zur Trockene wieder klare Lösungen ergeben. Versetzt man z. B. 1 Vol. Teil einer wäßrigen 1%igen Lösung von „Nekal BX“ mit etwa 7 Vol. Teilen 1%iger Zephirollösung, so geht der anfänglich entstandene Niederschlag vollständig in Lösung. Die klare Lösung enthält 0,125 Vol.% „Nekal BX“ und 0,875 Vol.% „Zephirol“. Sie gibt mit „Solidogen“, „Eulan NKFW“, „Zephirol“ usw. keinen Niederschlag und keine Trübung, würde also nach dem bisher Gesagten als anionaktivfrei bezeichnet werden, obwohl sie das anionaktive „Nekal“ (allerdings in Form einer Anion-Kation-Verbindung im Überschuß einer kationaktiven Verbindung gelöst) enthält und obwohl man das „Nekal“ nach den später mitgeteilten Proben ohne weiteres nachweisen kann. Der Überschuß des „Zephirols“ läßt sich glatt mit einer anionaktiven Substanz z. B. „Nekal BX“ nachweisen. Es ist gut, daß in einem solchen Falle die anorganischen Reagenzien auf anionaktive Substanzen nicht versagen. Zwar nicht mit essigsaurer Tonerde, „Tonalon G“ und „Curtaform“, aber mit „Blancorol B“ entsteht eine Fällung und somit ist auch in diesem Falle der Nachweis der anionaktiven Substanz sichergestellt[1]. Die Größe des Überschusses einer bestimmten kation- bzw. anionaktiven Verbindung, die erforderlich ist, um eine bestimmte Menge Anion-Kation-Verbindung zu lösen, hängt außer von der Temperatur und der Konzentration, sehr stark ab von der Natur des Kations bzw. Anions, gibt also Aufschluß über diese und ist sie bekannt, über ihre Menge. So ist z. B. bei „Nekal BX“ fast die dreifache Menge „Zephirol“ zum Lösen erforderlich, als bei einer

[1] Die Geeignetheit von essigsaurer Tonerde, „Tonalon G“ und „Blancorol B“ (feste, wasserlösliche, basische Tonerden der BASF Ludwigshafen) und von „Curtaform“ (ebenso der Curta u. Co., Berlin-Britz) zum Nachweis und zur Fällung anioncapillaraktiver Stoffe wurde von uns neu gefunden.

Seife oder bei Benzylnaphthalinsulfosäure oder „Witopal", gegen die 1½fache bei Phenylmepasinsulfosäure. Wir nützen diese Reaktion zur qualitativen und quantitativen Analyse aus. Man kann so verfahren, daß man eine bestimmte Menge anionaktiver Substanz vorlegt und mit einer kationaktiven Substanz bekannter Konzentration titriert, bis die anfangs entstandene Fällung sich wieder gelöst hat. Man kann aber — und das ist der besseren Erkennung des Endpunktes wegen meist vorzuziehen — auch eine bestimmte Menge kationaktiver Substanz bekannter Konzentration vorlegen und mit der anionaktiven Substanz titrieren, bis eben eine deutlich erkennbare Trübung (Opalescenz) auftritt.

Auch der umgekehrte Fall ist realisierbar. Versetzt man z. B. eine Seifenlösung tropfenweise mit einer Eulanlösung, so daß der an der Eintropfstelle auftretende Niederschlag sich immer wieder löst und Seife im Überschuß ist, oder legt man eine Eulanlösung vor und titriert man mit einer Seifenlösung hinein, so daß kein bleibender Niederschlag entsteht, so erhält man in beiden Fällen klare Lösungen, die die anionaktive Seife im Überschuß und außerdem (in Form der entsprechenden Anion-Kation-Verbindung) auch das kationaktive Eulan enthalten. Während man nun aber durch die Prüfung auf capillaraktives Anion die Seife einwandfrei nachweisen kann, fällt die Prüfung auf kationaktive Substanzen negativ aus. Man muß zu ihrem Nachweis, genau wie im vorher beschriebenen umgekehrten Fall, eine besondere Probe zu Hilfe nehmen, nämlich z. B. die Jodprobe, deren Beschreibung später erfolgt.

Durch die bis jetzt beschriebenen Reagenzien ist der Nachweis, ob eine kation- oder anionaktive Substanz vorliegt, ohne Weiteres zu erbringen. Ist weder die eine noch die andere vorhanden, die Substanz aber deutlich capillaraktiv, so kann nur eine nichtionogene Verbindung vorliegen[1]. Andernfalls kann aber neben einer anion- bzw. kationcapillaraktiven immer noch eine nichtionogene Verbindung vorhanden sein. Wir suchten deshalb nach einer Möglichkeit, letztere direkt neben den beiden anderen Gruppen nachzuweisen. Geeignet dazu erschien uns zunächst eine von C. BOYD SHAFFER und F. H. CRITCHFIELD[2] zur quantitativen Bestimmung größerer und kleinster Mengen von festen Polyäthylenglykolen (Carbowax Compounds) in biologischem Material angegebene Methode der Fällung solcher Produkte in salzsaurer Lösung durch Kieselwolfram- bzw. Phosphormolybdänsäure in Gegenwart eines Schwermetallkations, als welches sie praktisch nur Barium in Form von Bariumchlorid verwenden. Eine Erklärung des Reaktionsmechanismus geben SHAFFER und CRITCHFIELD nicht. Sie stellten nur fest, daß Glykokoll, Tyrosin, Cystin, Cystein, Cholin, Kreatinin, Harnsäure, Allantoin, Phenol, Brenzkatechin und Hydrochinon bei ihren Analysenbedingungen keine Fällungen er-

[1] Allerdings nur als zunächst noch unbewiesene Annahme.

[2] Ind. Eng. Chem. Anal. Edit. **19**, 32 (1947).

geben. Sie berichten weiter, daß auch Phosphorwolframsäure in gleicher Weise wirke, und daß Kieselwolframsäure (von den beiden anderen Heteropolysäuren fehlen Angaben) in salzsaurer Lösung allein mit den niederen Polyglykolen (Mol.-Gew. bis 414 = Nonaäthylenglykol) keine Fällung ergebe. Bei gleichzeitiger Anwesenheit von Bariumchlorid fängt die Fällung mit Kieselwolframsäure bereits beim Pentaäthylenglykol (Mol.-Gew. 238) an. Die mit Salzsäure und den Heteropolysäuren entstandenen Niederschläge sind öliger Natur; bei gleichzeitiger Anwesenheit von Natrium- oder Ammoniumionen sind sie fest und filtrierbar. Die mit Bariumchlorid entstandenen Niederschläge sind chlorfrei.

Da wir, wie zu erwarten war, feststellten, daß auch die kationcapillaraktiven Substanzen mit den Heteropolysäuren unter den Bedingungen von SHAFFER und CRITCHFIELD positiv reagierten, die Reaktion also nicht spezifisch für nichtionogene Verbindungen ist, untersuchten wir sie etwas genauer, um ihren Reaktionsmechanismus aufzuklären und sie womöglich so zu modifizieren, daß sie für nichtionogene Verbindungen spezifisch würde. Zunächst stellten wir fest, daß die kationcapillaraktiven Verbindungen mit den verschiedensten Heteropolysäuren selbst und nicht nur mit ihren Alkali- oder Ammoniumsalzen ohne Anwesenheit von Salzsäure und Bariumchlorid positiv reagierten nach der Gleichung:

$$\text{Capillaraktives Kation}^+ \cdot \text{Säurerest}^- + \text{H}^+ (\text{bzw. Me}^+) \cdot \text{Anion der Heteropolysäure} =$$
$$\text{Säurerest}^- + \text{H}^+ (\text{bzw. Me}^+) + \underbrace{\text{Capillaraktives Kation — Anion der Heteropolysäure}}_{\text{Unlöslicher Niederschlag}}$$

Wir nahmen daher an, daß die Polyäthylenglykole die von SHAFFER und CRITCHFIELD beschriebene, aber nicht aufgeklärte Reaktion nur deshalb geben, weil sie durch den Salzsäure- bzw. Bariumchloridzusatz in erster Reaktionsphase in kationcapillaraktive Verbindungen, nämlich wasserlösliche Polyoxoniumsalze übergeführt werden[1]:

$$\text{HO} \cdot \text{CH}_2 \cdot (\text{CH}_2 \cdot \text{O} \cdot \text{CH}_2)_x \cdot \text{CH}_2 \cdot \text{OH} + x\,\text{Me}^+\text{Cl}^- =$$
$$= \left[\text{HO} \cdot \text{CH}_2 \cdot (\text{CH}_2 \cdot \overset{\overset{\text{Me}}{\cdot}}{\text{O}} \cdot \text{CH}_2)_x\, \text{CH}_2 \cdot \text{OH}\right]^{+} \cdot \text{Cl}_x^-,$$

die dann in zweiter Phase mit den Heteropolysäuren bzw. deren Alkali- oder Ammoniumsalzen nach dem allgemeinen Reaktionsschema:

$$\left[\text{HO} \cdot \text{CH}_2 \cdot (\text{CH}_2 \cdot \overset{\overset{\text{Me}}{\cdot}}{\text{O}} \cdot \text{CH}_2)_x \cdot \text{CH}_2 \cdot \text{OH}\right]^{+} \cdot \overline{\text{Cl}}_x +$$
$$x\,\text{H}^+(\text{Me}^+) \cdot [\text{Anion der Heteropolysäure}]_y = x\,\text{H}^+(\text{Me}^+) + x\,\overline{\text{Cl}} +$$
$$\underbrace{\left[\text{HO} \cdot \text{CH}_2 \cdot (\text{CH}_2 \cdot \overset{\overset{\text{Me}}{\cdot}}{\text{O}} \cdot \text{CH}_2)_x \cdot \text{CH}_2 \cdot \text{OH}\right] — [\text{Anion der Heteropolysäure}]_y}_{\text{Unlöslicher Niederschlag}}$$

reagieren.

[1] Wir stellten fest, daß auch Polyalkylenaddukte, die von SHAFFER und CRITCHFIELD nicht erwähnt werden, dieselbe Reaktion geben.

Die Richtigkeit unserer Annahme bewiesen wir durch folgende Versuche, die wir zunächst mit einem Hexacontaäthylenglykol (festes Wachs vom Mol.-Gew. 2658) in 1%iger wäßriger Lösung und mit gegen Methylorange neutral gestellter 5%iger Phosphormolybdänsäure durchführten. Während diese Heteropolysäure alle von uns untersuchten kationcapillaraktiven Substanzen ohne Salzsäure- und Bariumchloridzusatz sofort fällte, bewirkte sie mit dem Äthylenpolyglykol (2658) keine Fällung. Auch Salzsäure und Bariumchlorid, jedes Reagens für sich allein und zusammen, ließen die wäßrige Polyäthylenglykollösung anscheinend völlig unverändert. In Wirklichkeit bilden sich aber dabei die oben aufgeführten löslichen kationaktiven Polyäthylenoxoniumsalze (wozu schon Salzsäure oder Bariumchlorid allein genügt), die nun z. B. mit Phosphormolybdänsäure als typischem Reagens hierauf unter Niederschlagsbildung reagieren. Wie wir erwarteten, gibt nicht nur Salzsäure diese Reaktion, sondern z. B. auch Brom- und Jodwasserstoffsäure, Perchlor-, Schwefel-, Phosphor-, Salpetersäure, Benzoe-, Phthalsäure, Essig-, Monochloressig-, Ameisen-, Hippur-, Salicyl-, Butantetracarbon-, Adipin-, Bernstein-, Fumar-, Malein-, Sulfanil-, p-Amidosalicylsäure, p-Amidobenzoesäure, Pikrinsäure und Benzoesäuresulfimid[1]. Bei diesen Versuchen ist es zweckmäßig, die verwendeten Säuren zu der Lösung des Polyäthylenglykols zu geben und einige Augenblicke einwirken zu lassen (eventuell unter Erwärmen und wieder Abkühlen), bevor man die Phosphormolybdänsäure zufügt. Man erhält dann die Fällung schöner und früher, als wenn man umgekehrt verfährt. Andererseits kann man durch das umgekehrte Verfahren direkt experimentell zeigen, wie die Bildung dieser Polyoxoniumverbindungen — über deren Existenz wir bis jetzt in der Literatur nichts fanden[2] — eine Zeitreaktion ist. Bei den meisten der genannten Säuren tritt die sehr starke Fällung sofort nach dem Zusatz der ersten Tropfen Phosphormolybdänsäure ein, bei manchen dauert die Fällung einige Zeit, so z. B. bei Benzoesäure, Pikrinsäure, Salicylsäure, Oxalsäure, p-Amidobenzoesäure und Phosphorsäure und ist auch dann sicher noch nicht vollständig. Wir erklären uns diese Tatsache damit, daß die Verdrängung des Anions der Polyoxoniumverbindung durch das fällende Anion eine Gleichgewichtsreaktion ist, wobei die Lage des Gleichgewichts sehr stark von der Natur der reagierenden Anionen und dem Löslichkeitsprodukt der entstehenden Kation-Anion-Verbindung abhängt. Wenn diese Erklärung zutrifft, dann mußten sich auch Ver-

[1] Auch Halogen-Alkyle, wie z. B. Chloräthyl bilden, wie wir fanden, mit Polyäthylenglykolen oder Polyäthylenoxydaddukten Polyoxoniumverbindungen, die dann mit den Heteropolysäuren als ternäre Verbindungen Niederschläge ergeben. Auch Alkohole, Merkaptane, Alkylester usw. sollten solche Polyoxoniumverbindungen liefern. Wir wollen dies noch nachprüfen.

[2] Siehe auch Seite 126—129.

bindungen finden lassen, die bei der Bildung der Polyoxoniumverbindung zugleich auch als fällende Anionen wirken. Es gelang uns in der Tat, dafür einige Beispiele aufzufinden: Die wässerige Lösung z. B. des Polyäthylenglykols (Mol.-Gew. 2658) wird direkt in eine Oxoniumverbindung übergeführt und zugleich gefällt z. B. durch Lösungen von Trichloressigsäure, Phenol, Phenolnatrium, Resorcin, Monochlorresorcin, Bromhydrochinon, p-Kresol, KJ_3 u. HJ_3, KBr_3 u. HBr_3 und $KBiJ_4$, d. h. z. B. die Verbindungen:

$$\left[\mathrm{HO\cdot CH_2\cdot(CH_2\cdot \overset{\overset{H}{\cdot}}{O}\cdot CH_2)_{59}\cdot CH_2\cdot OH}\right] - \left[\mathrm{O{-}}\text{⬡}\right]_{59}$$

$$\text{und}\quad \left[\mathrm{HO\cdot CH_2\cdot(CH_2\cdot \overset{\overset{K}{\cdot}}{O}\cdot CH_2)_{59}\cdot CH_2\cdot OH}\right] - [\mathrm{BiJ_4}]_{59}$$

oder besser allgemein formuliert:

$$\left[\mathrm{HO\cdot CH_2\cdot(CH_2\cdot \overset{\overset{Kation}{\cdot}}{O}\cdot CH_2)_x\cdot(CH_2\cdot O\cdot CH_2)_y\cdot CH_2\cdot OH}\right] - \left[\overset{\text{Anion}}{\mathrm{O{-}}\text{⬡}}\right]_x$$

sind solche schwerlöslichen Kation-Anion-Verbindungen.

Wir möchten die beiden ersten, nur der besseren Anschaulichkeit wegen mit bestimmten Zahlenindices versehenen Formeln also nicht so verstanden wissen, daß nun z. B. in einem Hexacontaglykol alle 59 Äthersauerstoffe in Oxoniumsauerstoffe übergeführt (oxoniert) sein müssen. In welchem Ausmaß das der Fall sein wird, hängt unserer Meinung nach sehr stark von der chemischen Natur und der Größe sowohl des Oxoniumsalzbildners, als auch von der des fällenden Agens ab, wobei zu erwarten ist, daß kleinere und einwertige Säurereste aus den Oxoniumsalzen leichter durch die fällenden Anionen verdrängt werden und daß wiederum weniger sperrige, aber fällungsaktive Anionen in stärkerem Maße fällend wirken. Wir haben aus den Analysenangaben von Shaffer und Critchfield für den Fall der Fällung eines Carbowax (4000) mit Silicowolframsäure in Gegenwart von Salzsäure und Bariumchlorid errechnet, daß in diesem Falle auf ungefähr jeweils 5,5 Äthylenoxydmoleküle zwei Sauerstoffatome in Oxoniumsalze übergeführt oder wenigstens als solche gefällt werden, d. h., daß der Oxonierungsgrad 36,5% ist. Weiter ließ sich errechnen, daß — zunächst nur in diesem Falle — von 24 dritten Sauerstoff-Liganden 10 Wasserstoffatome und 7 Bariumatome sein mußten. Nachfolgende Tabelle möge das erläutern:

Wir erwähnten oben schon, daß Polyäthylenglykole[1] außer mit den Heteropolysäuren (unter Zusatz von HCl und Bariumchlorid) auch mit anderen aktive Kationen fällenden Reagenzien Niederschläge ergeben. Es erschien uns deshalb interessant, einen solchen Fall einmal quantitativ zu untersuchen. Zunächst zogen wir die mit Kaliumbromid-Bromlösung

[1] Und deren Addukte, z. B. Äther, Ester usw.

<table>
<tr><th colspan="2">Die analytischen Angaben von SHAFFER u. CRITCHFIELD lauten</th><th colspan="2">Unsere Berechnung mit Oxonierungsgrad[1] 36,5% u. Verhältnis H : Ba = 10 : 7 ergibt folgende theoretischen Werte</th></tr>
<tr><td colspan="2">Carbowax (4000)</td><td colspan="2">Beliebiges Polyglykol mit mind. 5,5 Äthylenoxydmolekülen</td></tr>
<tr><td>Der Niederschlag enthält:</td><td>C : 11,69%
H : 2,16%</td><td>Der Niederschlag muß enthalten:</td><td>C : 12,2 %
H : 2,1 %</td></tr>
<tr><td>und ergibt Glührückstand (Oxyde von Ba, Si u. W):</td><td>77,23%</td><td>Glührückstand (berechnet):</td><td>80,0 %</td></tr>
<tr><td>Gehalt an Ba im Glührückstand:</td><td>9,27%</td><td>Ba im Glührückstand (berechnet):</td><td>9,15%</td></tr>
<tr><td>Auf 1 Gew.-Teil Polyglykol Teile Glührückstand:</td><td>3,66%</td><td>Auf 1 Gew.-Teil Polyglykol Teile Glührückstand (berechnet):</td><td>3,55%</td></tr>
</table>

entstehenden orangegelben Niederschläge heran[2]. Es zeigte sich aber, daß die dabei auftretenden Fällungen öliger Natur sind und ihr über das KBr hinaus gebundenes Brom (Br_2) schon beim Lagern an der Luft sehr rasch unter Zerfall des ganzen Moleküls abgeben. Von der entsprechenden Jodverbindung erhofften wir uns größere Beständigkeit, die sie auch in der Tat zeigte. Wir fällten eine etwa 0,1%ige wässerige Lösung von Hexacontaglykol (Mol.-Gew. 2658) in Gegenwart von 1—2 ml Jodwasserstoffsäure (D 1,7) und 3—5 g Jodkalium mit einer 0,1 n Jodlösung, die 25 g Kaliumjodid im Liter enthielt, in der Kälte unter gutem Durchrühren. Die Lösung trübt sich dabei sofort und färbt sich über orangegelb, orangerot, hellbraun, bis zu einem dunklen Kaffeebraun, wobei sich allmählich ein schwarzer flockiger Niederschlag abscheidet[3]. Wir setzten solange Jodlösung zu, bis wir beim Tüpfeln auf Filtrierpapier einen starken Überschuß an Jod feststellten, wozu etwa 55 ml 0.1 n Jodlösung erforderlich sind. Nunmehr wurde der Niederschlag abfiltriert, erschöpfend mit Wasser, in dem er äußerst schwer löslich ist, gewaschen und 24 Std an der Luft trocknen gelassen. Er stellt ein schwarzes, fast wie gefälltes Jod aussehendes Pulver dar, das sich in Natriumthiosulfatlösung allmählich vollständig auflöst. Nachstehend die Werte der Elementaranalyse im Vergleich zu den berechneten Werten:

	Gefunden	*Berechnet (mit Oxonierungsgrad 37,3% berechnet)*
Kohlenstoff . . .	12,51%	12,46%
Wasserstoff	2,24%	2,17%
Sauerstoff	8,7 %	8,42%
Kalium	4,46%	4,83%
Jod	72,5 %	72,12%

[1] Eine Bezeichnung, die wir neu einführen möchten.

[2] Eine von uns neu gefundene Reaktion.

[3] Man kann hierbei sehr schön den allmählichen Verlauf der Polyoxonierung bzw. der Fällung der Polyoxoniumverbindung mit dem Überschuß des Reagenses verfolgen.

Überraschenderweise ergibt sich hier also mit 37,3% fast derselbe Oxonierungsgrad wie oben (36,5%), d. h. von den 59 Äthersauerstoffen des Polyglykols sind 22 durch HJ bzw. KJ in Oxoniumsauerstoffe übergeführt worden. Dabei sind von den 22 oxonierten Sauerstoffen 7 mit Wasserstoff und 15 mit Kalium als dritten Liganden besetzt. Für die bei der Fällung des Polyoxoniumsalzes mit Jod (J_2) entstehende Verbindung errechnet sich ein Molekulargewicht von 11600.

Bei dieser erstaunlichen Übereinstimmung des Oxonierungsgrades zweier so verschieden gebauter Verbindungen, wie sie das mit Bariumchlorid und Salzsäure polytrinär gemachte und mit Kieselwolframsäure gefällte Polyglykol (Mol.-Gew. 4000) einerseits und das mit Kaliumjodid und Jodwasserstoffsäure polytrinär gemachte und mit J_2 gefällte Polyglykol (Mol.-Gew. 2658) andererseits darstellen, muß man wohl annehmen, daß dieser konstante Oxonierungsgrad durch sterische Verhältnisse bedingt ist. Beim Erwärmen auf Temperaturen von etwa 170° C ab verliert die Substanz große Mengen Jod, wobei anscheinend der Polyglykolanteil, der übrigens zu etwa 23% in der Verbindung enthalten ist, abgebaut wird, vermutlich unter Bildung von Alkyljodiden.

Beim Versuch, das abspaltbare Jod durch Umsatz mit neutraler Thiosulfatlösung zu bestimmen, haben wir übrigens die Beobachtung gemacht, daß Thiosulfat durch diesen Komplex nicht zu Tetrathionat, sondern zu Natriumsulfat oxydiert wird;[1] ein Zeichen dafür, daß das Jod in dieser Verbindung ein höheres Oxydationspotential als das Jod in Jod-Jodkaliumlösung besitzt. Wir werden diese interessanten Verbindungen, die zum analytischen Nachweis und zur Bestimmung auch kleiner Mengen von Polyglykolen und Polyäthylenoxydanlagerungsprodukten sehr geeignet sind, zum Gegenstand einer besonderen Veröffentlichung machen. Hier sei nur noch einmal erwähnt, daß Bromwasser (ohne KBr) und Jodwasser (ohne KJ) diese Fällungen nicht ergeben. Sie sind ja nicht imstande, die Äthersauerstoffe zu oxonieren und können ihre fällende Wirkung daher erst ausüben, wenn die Oxonierung durch den vorherigen, gleichzeitigen oder nachträglichen Zusatz von Kaliumbromid bzw. Kaliumjodid bzw. den entsprechenden Säuren erfolgt ist. Nach dem vorher Gesagten war zu erwarten, daß diese Oxonierung nicht nur durch die beiden genannten, sondern auch durch andere Salze erfolgt. Wir haben festgestellt, daß z. B. Natriumchlorid, -fluorid, -acetat, Natriumsulfat, Natriumbenzoat, Bariumchlorid, Bariumbromid, Ammoniumchlorid und -sulfat, bernsteinsaures Kalium usw. in gleicher Weise oxonierend wirken und somit die Fällung mit z. B. Jod und Brom ermöglichen. Diese Tatsache legte uns die Vermutung nahe, daß dann z. B. auch anioncapillaraktive Verbindungen, wie Nekale, Mersolate, Fettalkoholsulfonate usw.

[1] Wenigstens zu einem großen Teil.

oxonierend wirken müßten und somit ein Gemisch eines höheren Polyäthylenglykols oder einer polyoxäthylierten Verbindung mit diesen Salzen durch Bromwasser oder Jodwasser gefällt werden müßten. Das ist in der Tat der Fall. Versetzt man z. B. 1%ige Lösungen von „Nekal", „Mersolat", Phenylmepasinsulfonat usw. und Polyäthylenglykol (Mol.-Gew. 2658) getrennt mit Bromwasser, so entsteht keinerlei Fällung. Mischt man aber etwa gleiche Teile der beiden Lösungen und versetzt dann erst mit Bromwasser, so entsteht eine starke Fällung, genau so, wie wenn man die Polyäthylenglykollösung mit KBr und Bromwasser versetzt. Dieser Versuch beweist nicht nur noch einmal die Richtigkeit unserer bisherigen Annahmen, sondern er zeigt die überraschende Tatsache, daß Gemische von Polyglykolen und polyoxäthylierten Verbindungen mit anioncapillaraktiven Stoffen sich bei diesen analytischen Prüfungen wie kationcapillaraktive Stoffe verhalten. Aber sie tun dies nicht nur in analytischer Hinsicht, sondern auch bei ihrer Anwendung in der Praxis.

Wir verstehen deshalb jetzt auch, warum z. B. „Leonil O", ein polyoxäthyliertes Produkt in saurer, salzhaltiger Färbeflotte (wobei es oxoniert, also kationcapillaraktiv wird) auf saure, also anioncapillaraktive Farbstoffe affin und dabei egalisierend wirkt. G. SCHWEN[1] sagt: „An Palatinechtsalz O werden mehrere Farbstoffmoleküle — vielleicht durch Nebenvalenzbildung an die in größerer Anzahl vorhandenen Sauerstoffatome — lose gebunden". Nach unseren Versuchen besteht diese lose Bindung in der Bildung eines mehr oder minder schwer löslichen und beständigen großen Kation-Anion-Komplexes zwischen dem im Färbebad durch die Säure und die Salze kationcapillaraktiv gewordenen Peregalsalz O und dem sauren Farbstoff.

Die bisher gemachten Beobachtungen zwingen zu der Annahme, daß in der wässerigen Lösung eines Polyäthylenoxydadduktes[2] (Polyglykols) in Wirklichkeit nicht ein „Nichtionogener capillaraktiver Stoff",[3] sondern sein „Kationaktives Polyoxoniumhydroxyd" vorliegt, z. B. von der Formel:

$$\left[R \cdot O \cdot CH_2 \cdot (CH_2 \cdot \overset{H}{\dot{O}} \cdot CH_2)_x \cdot (CH_2 \cdot O \cdot CH_2)_y \cdot CH_2 \cdot OH\right] \cdot (OH)_x$$

$$\left(\text{Oxonierungsgrad } \left(= \frac{100 \cdot x}{x + y}\right) \text{ noch nicht festgestellt}\right)$$

---

[1] Monatshefte f. Seide, Kunstseide u. Zellwolle 43, 360 (1938).

[2] Dasselbe gilt von Polyiminaddukten (Polyiminen) und anderen stickstoffhaltigen Verbindungen, bei denen kationaktive Polyammoniumhydroxyde entstehen können.

[3] Selbst in ganz neuen Veröffentlichungen (vgl. Chem. Trade Journ. and Chem. Eng. Juli 1949) werden Polyäthylenoxydaddukte ausdrücklich als Nichtionogene Verbindungen bezeichnet.

Dadurch wird die leichte Wasserlöslichkeit solcher Verbindungen und die Tatsache erklärt, daß viele von ihnen beim Erwärmen ihrer wässerigen Lösung sich trüben. Beim Erwärmen wird die Polyoxoniumverbindung gespalten und die nicht mehr ionogene Verbindung fällt unlöslich aus. Nichtionogen sind diese Produkte also nur in festem Zustand. Auf die in Lösung befindlichen Polyoxoniumhydroxyde wirken nun Säuren in üblicher Weise unter Wasserabspaltung, Salze unter Verdrängung des Wassers und Bildung der entsprechenden Polyoxoniumsalze. Von der Natur und dem sterischen Aufbau des fällenden Reagenses und der Größe des Säurerestes der Polyoxoniumverbindung hängt es dann ab, ob dabei eine Fällung zustande kommt oder nicht. So wirken Br_2 mit dem kleinen Äquivalentgewicht von 160 sehr stark fällend, J_2 (254) schon deutlich weniger und die Heteropolysäuren mit den Äquivalentgewichten: Phosphormolybdänsäure (288), Kieselwolframsäure (365) und Phosphorwolframsäure (417) in noch schwächerem Maße. Zwei Faktoren sind dabei noch zu berücksichtigen:

1. Br_2 und J_2 brauchen sich, um eine Fällung zu ergeben, nur an die Polyoxoniumsalze anzulagern, während die Heteropolysäuren deren Säurerest erst verdrängen müssen. Je größer dieser Säurerest ist, desto schwieriger ist seine Verdrängung.

2. Die Kation-Anion-Verbindungen, bei denen ein Teil der dritten Liganden der Äthersauerstoffatome Wasserstoff ist, sind schwerer löslich als diejenigen, die ausschließlich Metallatome als dritte Liganden besitzen.

So kommt es, daß man zwar die kationaktive Natur eines entsprechenden (etwa 37% Oxonierungsgrad) Gemisches von z. B. „Nekal" mit einem Polyäthylenoxydaddukt oder einem Polyglykol analytisch durch die Fällung mit Brom- oder Jodwasser im Augenblick nachweisen kann, daß dagegen der Nachweis durch die Fällung mit den Heteropolysäuren negativ ausfällt und erst positiv wird, wenn man an Stelle der Salze der anioncapillaraktiven Verbindungen die freien Säuren verwendet.[1] Selbst dann ist es manchmal noch erforderlich, das Gemisch der freien capillaraktiven Säuren mit dem Polyäthylenoxydaddukt bzw. dem Polyglykol und der gegen Methylorange neutral gestellten Heteropolysäure gerade bis zum Sieden zu erwärmen und wieder abzukühlen. Dasselbe gilt von vielen nichtcapillaraktiven Salzen. Andererseits gibt es aber auch Fälle, bei denen das primär entstehende Polyoxoniumsalz schon so schwer löslich ist, daß es auch ohne weiteres fällendes Agens schon ausfällt. Das ist z. B. der Fall bei der Reaktion der Polyäthylenoxydaddukte und Polyäthylenglykole mit einer wässerigen Lösung von Phenol, Phenolnatrium, 2,4-Dichlorphenol, Bromhydrochinon, β-Naphthol, Brenzkatechin, Hydrochinon

[1] Oder die Lösung ansäuert.

und den Kresolen. Nicht direkt fällend wirken z. B. Pikrinsäure und Pyrogallol. Dagegen wirkt die Tanningerbsäure sowohl in saurer, als auch in mit Natriumacetat abgepufferter, oder mit Natronlauge auf p_{H_7} eingestellter Lösung sofort und direkt stark fällend.

G. SCHWEN[1] beschreibt einen praktischen Färbeversuch mit Indanthrenbrillantgrün 4G, wobei einmal Peregal 0 allein und ein anderes Mal Peregal 0 zusammen mit Nekal BX der Färbeflotte zugesetzt wurde. Wie zu erwarten war, wirkte Peregal 0 auf den in der Küpe anioncapillaraktiv vorliegenden Leukofarbstoff farbstoffaffin und dadurch gut egalisierend. Diese Wirkung wurde durch den gleichzeitigen Zusatz von Nekal BX fast völlig aufgehoben. SCHWEN gibt die Deutung, daß Nekal BX ähnlich wie ein Farbstoff durch Nebenvalenzen der Sauerstoffatome an das Peregal 0 locker gebunden und dadurch das Peregal 0 dem System entzogen wird, so daß für eine Beeinflussung der Farbstoffmoleküle keine nennenswerte Menge Peregal 0 mehr zur Verfügung steht.

Wir wissen nunmehr, daß „Nekal BX" an die Äthersauerstoffatome des Peregal O unter Bildung eines kationcapillaraktiven Polyoxoniumsalzes angelagert wird, das so stabil ist, daß die sehr großen Anionen des Leukofarbstoffs, der ja nur sehr schwach anioncapillaraktiv ist, die relativ kleinen Nekalmoleküle nicht mehr verdrängen können. Dadurch ist natürlich die farbstoffaffine zurückhaltende und egalisierende Wirkung des Peregals unmöglich gemacht.

Daß Äther (und auch Alkohole, Aldehyde, Ketone und Säuren) mit Metallsalzen und Säuren zu Additionsprodukten zusammentreten können, ist bekannt[2]. Man faßt diese Oxoniumsalze nach A. WERNER als Koordinationsverbindungen auf. Es sei hier vor allem an die Salze des 2,6-Dimethyl-γ-Pyrons, des Prototyps der Oxoniumverbindungen mit basischem Sauerstoff erinnert. Stets aber hat es sich dabei nicht um Polyäther, sondern um niedermolekulare Äther, also um Verbindungen gehandelt, die die Ätherbrücke nur ein- oder höchstens zweimal im Molekül enthielten. Meist werden sie durch Wasser leicht hydrolysiert. Dies gilt auch für die von H. MEERWEIN dargestellten Trialkyloxoniumsalze aus Äther, Äthylfluorid und Bortrifluorid, z. B.

$$\left[\begin{matrix}(CH_3)_2\\ C_2H_5\end{matrix}\!\!>\!O\right]\cdot BF_4.$$

A. CHWALA[3] und A. CHWALA und A. MARTINA[4] nehmen an, daß sich beim Lösen in Wasser an den Ätherbrücken der Textilhilfsmittel mit gehäuften Äthersauerstoffatomen (Ätheralkohole) infolge von Restvalenzkräften über Wasserstoffbrücken oxoniumartige Additionsprodukte mit den Wassermolekülen und dadurch Hydroxylgruppen ausbilden. Sie formulieren diese Verbindungen so:

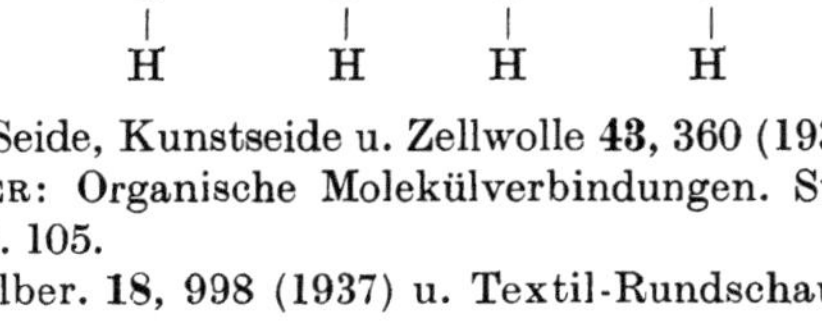

[1] Monatshefte f. Seide, Kunstseide u. Zellwolle **43**, 360 (1938).

[2] Vgl. P. PFEIFFER: Organische Molekülverbindungen. Stuttgart 1927.

[3] Vgl. Fußn. 1, S. 105.

[4] Melliands Textilber. **18**, 998 (1937) u. Textil-Rundschau **1947**, S. 147.

und schreiben daher einem solchen Molekül eines nichtionogenen Waschmittels eine über viele Molekülstellen verteilte, schwache elektrisch negative Ladung, also anionischen Charakter zu.

Wir konnten dagegen zeigen, daß es sich hier nicht um Restvalenzkräfte und nicht um oxoniumartige Additionsprodukte, sondern um echte und zwar Polyoxoniumverbindungen handelt, die naturgemäß kationisch sein müssen. Wir nehmen an, daß die Wassermoleküle, die ja auch Äther sind, sich primär mit den Restvalenzen ihrer Sauerstoffatome an die Restvalenzen der Polyäthersauerstoffatome anlagern: $^{-}(CH_2 \cdot \underset{\underset{H \cdot O \cdot H}{\vdots}}{O} \cdot CH_2)_{\overline{x}}$ und daß sich diese Additionsverbindungen dann stabilisieren zu der von uns angenommenen Koordinationsverbindung:

$$\left[{}^{-}(CH_2 \cdot \overset{\overset{H}{\cdot}}{O} \cdot CH_2)_{\overline{x}}\right]^{+} \cdot \overset{-}{O}H_x .$$

Damit ist sowohl der von uns experimentell bewiesene kationische Charakter dieser Verbindungen, als auch ihr chemisches Verhalten gegenüber den für kationaktive Verbindungen charakteristischen Reagentien erklärt. Bei der Annahme anionischen Charakters (CHWALA) ließen sich diese Reaktionen überhaupt nicht deuten.

Vielleicht muß man aber eine Mesomerie zwischen den zwei elektromeren Grenzformen:

$$\overset{\text{I}}{-CH_2 \cdot \underset{\underset{\underset{\underset{H}{|}}{O}}{\underset{|}{H}}}{\overset{\downarrow}{\ddot{O}}} \cdot CH_2-} \quad \text{und} \quad \overset{\text{II}}{\left[{}^{-}(CH_2 \cdot \overset{\overset{H}{\cdot}}{O} \cdot CH_2)_{\overline{x}}\right]^{+} \cdot \overset{-}{O}H} \text{ annehmen.}$$

Bei den von uns zunächst untersuchten und neugefundenen Reaktionen reagieren die Polyalkylenoxydaddukte und Polyglykole jedenfalls nach der Formel II.

Eine weitere Stütze für unsere bisherigen Feststellungen ergab sich durch die Tatsache, daß auch ganz anders gebaute Polyäther und Polystickstoff- bzw. die Gruppe $=N-\underset{\underset{O}{\|}}{C}-$ gehäuft enthaltende Verbindungen sich in vielen, zum Teil schon bekannten Reaktionen ebenso verhalten, wie die von uns beschriebenen Polyoxonium- und Polyammoniumverbindungen. Wässerige Lösungen von Methylcellulose (Polymethylester der Cellulose) zeigen z. B. positive Erwärmungsprobe 1 und werden durch Phenole, Gerbstoffe und Alkaloidfällungsmittel gefällt. Auch die Fällung mit Jod-Jodkalilösung ist bekannt[1].

Ebenso geben, wie wir fanden, die Polyvinylmethyläther[2]

$$\cdots CH_2 \cdot \underset{\underset{CH_3}{\cdot}}{\underset{O}{\underset{\cdot}{CH}}}-(CH_2 \cdot \underset{\underset{CH_3}{\cdot}}{\underset{O}{\underset{\cdot}{CH}}})_{\overline{x}}\, CH_2 \cdot \underset{\underset{CH_3}{\cdot}}{\underset{O}{\underset{\cdot}{CH}}} \cdots$$

[1] H. MANNECK: Seifen-Fette-Öle-Wachse **75**, 385 (1949). (Mit Literaturangaben.)

[2] Produkte der BASF Ludwigshafen/Rh., hergestellt durch Vinylierung nach W. REPPE. Angabe der Patente vgl. Experientia Vol. V/3, 93 (1949).

(die Vinyläther der höheren Alkohole sind nicht wasserlöslich) viele der von uns beschriebenen Reaktionen der Polyoxoniumverbindungen der Polyglykole und Polyalkylenoxydaddukte. Wir sind sicher, daß auch die Methylcellulosen (die Äther mit höheren Alkoholen sind nicht mehr wasserlöslich) und die Polyvinylmethyläther mit Wasser, Salzen, Säuren usw. in erster Reaktionsphase analoge Polyoxoniumverbindungen bilden, z. B.:

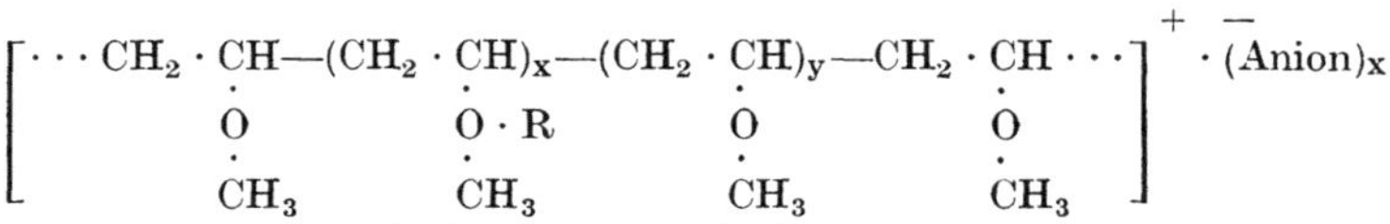

R = Alkyl, Wasserstoff, Metall

die dann in zweiter Phase mit den entsprechenden Reagenzien (zum Teil unter gegenseitiger Ausfällung) reagieren. Den dabei möglichen maximalen Oxonierungsgrad wollen wir noch feststellen.

Das Polyvinylpyrrolidon[1]:

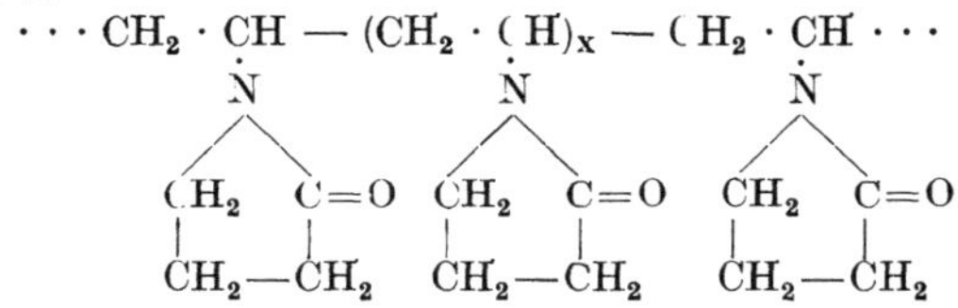

müßte sich danach verhalten, wie die kationaktiven Substanzen unserer Gruppe Ib, d. h. mit Wasser, Salzen, Säuren usw. Polyammoniumverbindungen und deren Reaktionen liefern. Das ist auch in der Tat der Fall[2]. Auch die Eiweißstoffe (Leim, Gelatine, Casein, Globulin usw.), die tierischen Fasern (z. B. Wolle, Naturseide, (Haare) und viele Kunstfasern (z. B. die Superpolyamid-, die Polyurethan- und die Acrylnitrilfaser, die animalisierte Zellwolle, die Casein- und die Carnofilfaser gehören in diese Klasse. H. BENNHOLD u. R. SCHUBERT[2] und neuerdings R. SCHUBERT[3] haben gefunden, daß Periston genau wie Serumeiweiß einen echten embatischen Effekt gibt und fähig ist, viele Stoffe locker zu binden. R. SCHUBERT zeigte, daß Periston imstande ist, saure Farbstoffe von ihrer Bindung an die Serumeiweißkörper des tierischen Organismus zu lösen, an sich selbst zu koppeln und als „Fremdvehikel" über die Niere auszuschleusen, also entgiftend zu wirken. Man muß aus diesen interessanten Arbeiten schließen, daß die Affinität der von SCHUBERT verwendeten Farbstoffe zu den Serumeiweißstoffen etwas kleiner ist als zum Periston. Die polykationischen Eigenschaften der Eiweißkörper sind eben durch die in ihnen, wenn auch in geringer Zahl noch vorhandenen anionaktiven Carboxylgruppen schon etwas geschwächt. Periston vermag deshalb als Konkurrent die an den Eiweißstoffen haftenden sauren Farbstoffe (allgemein anionaktive Stoffe) abzulösen und in noch genügend löslichen, nierenfähigen Kation-Anion-Komplexen, wie wir sie als z. B. zwischen kationcapillaraktiven Stoffen und

[1] Bekannt unter den Namen Luviskol (Verdickungsmittel) und Periston (Blutersatzstoff), BASF. Ludwigshafen/Rh. Vgl. W. REPPE, S. 127, Anm. 2.

[2] Vgl. K. ZIPF: Klin. Wschr. **23**, 340 (1944). — G. HECHT u. H. WEESE: Münch. med. Wschr. **90**, 11 (1943). — BENNHOLD, H., u. R. SCHUBERT: Klin. Wschr. **23**, 30 (1944) und M. MURAT: Produits Pharmaceutiques Vol. **4**, 350 u. 397 (1949).

[3] Dtsch. med. Wschr. **1949**, 1489.

anionaktiven Farbstoffen möglich beschrieben haben, aus dem Organismus abzuführen.

Wir glauben, daß unsere Arbeiten die Erklärung für die von SCHUBERT beobachteten Vorgänge liefern. Es liegen hier letzten Endes auf biologischem bzw. medizinischem Gebiet ähnliche chemische und anschließend Wettbewerbsverhältnisse vor, wie sie sich bei textilchemischen Prozessen, z. B. zwischen Säuren (Salzen usw.), anionischen bzw. kationischen Textilhilfsmitteln, der animalischen Faser und den Farbstoffen bzw. dem Schmutz beim Färben und Waschen usw. abspielen.

Auf die Vehikelwirkung der niedermolekularen Glykole und Glykolderivate (Ursache wahrscheinlich ebenfalls die Bildung von Oxoniumverbindungen) hat G. QUADBECK[1] schon hingewiesen. Als Parallele zu der Vehikelwirkung des Peristons möge der Hinweis auf die in diesem Falle kationaktive Harnsäure ausschwemmende Wirkung der Oxyphenylchinolincarbonsäure („Atophan") und der Phenylchinolindicarbonsäure („Hexophan") [anionaktiv] gestattet sein, wenn es sich hier auch noch nicht um die Reaktion von Makromolekülen handelt.

Wir sind sicher, daß diese neuen Erkenntnisse nicht nur für die Lösung unserer analytischen Aufgabe, sondern auch für die Erklärung der Waschwirkung der sogenannten „Nichtionogenen" Waschmittel auf Polyglykol- bzw. Polyiminbasis[2], deren Träger die mit Wasser bzw. den zugesetzten Salzen (Kochsalz, Soda, Phosphate, Silikate usw.) entstehenden kationaktiven Polyoxonium- bzw. Polyammoniumverbindungen sind, von Bedeutung sein werden. Analytisch ergibt sich hieraus der Nachteil, daß fast alle Reaktionen auf kationcapillaraktive Verbindungen auch von den Polyäthylenoxyd- und Polyiminaddukten gegeben werden. Die Tabelle auf Seite 117 ist also durch die folgende zu ergänzen:

Fällungsmittel für Polyäthylenoxyd- und Polyiminaddukte
(sogenannte nichtionogene capillaraktive Verbindungen).

Es werden wechselseitig gefällt:	durch:
Polyäthylenoxydaddukte z. B: $R_1 \cdot O \cdot CH_2 \cdot (CH_2 \cdot O \cdot CH_2)_x \cdot CH_2 \cdot O \cdot R_2$ und Polyäthyleniminaddukte[3] z. B: $(R)(R_1)N \cdot CH_2 \cdot (CH_2 \cdot \underset{H}{N} \cdot CH_2)_x \cdot CH_2 \cdot N(R_2)(R_3)$	Alle kationfällenden Verbindungen mit genügend großem und fällungsgeeignetem Anion nach oder bei gleichzeitiger Umwandlung in Polyoxonium- bzw. Polyammoniumverbindungen.

Dasselbe gilt auch für höhere Alkylenoxydaddukte z. B. Polypropylenoxydaddukte und für höhere Alkylenimine, z. B.:

1 Seifen-Fette-Öle-Wachse **75**, 227 (1949).

2 Natürlich auch für die Erklärung ihrer Eigenschaften und der von ihnen gelieferten Effekte bei ihrem sonstigen Einsatz für die verschiedensten Zwecke. Vgl. auch die ersten Oxäthylierungspatente: DRP 721559 und 605973 der ehemaligen IG. Farbenindustrie, Werk Ludwigshafen/Rh. Erfinder: C. SCHÖLLER, G. SCHWEN u. G. KRAEMER bzw. C. SCHÖLLER u. M. WITTWER.

3 Polyalkylensulfide und Polyalkylensulfidaddukte standen uns leider nicht zur Verfügung.

$$C_{18}H_{37} \cdot \overset{H}{\dot{N}} \cdot CH_2 \cdot CH_2 \cdot CH_2 \cdot \overset{H}{\dot{N}} \cdot (CH_2 \cdot CH_2 \cdot CH_2 \cdot \overset{H}{\dot{N}} \cdot CH_2 \cdot CH_2 \cdot CH_2)_x \cdot$$

$$\cdot \overset{H}{\dot{N}} \cdot CH_2 \cdot CH_2 \cdot CH_2 \cdot N \begin{matrix} \diagup R_1 \\ \diagdown R_2 \end{matrix}$$

wie sie O. BAYER[1] als durch Acrylnitrilanlagerung an Amine und nachfolgende Reduktion erhältlich beschrieben hat.

Trotz dieser sehr weitgehenden Übereinstimmung in den analytischen Reaktionen zwischen den Polyalkylenoxyden, Polyalkyleniminen und ihren Addukten einerseits und den kationcapillaraktiven[2] Verbindungen andererseits gelang es uns doch, eine Reihe von einfachen Reaktionen zu finden, die eine Unterscheidung zwischen beiden Gruppen und Aussagen sowohl über die Größe des oxäthylierten Restes, als auch über den Oxäthylierungsgrad gestatten. Insbesondere erlauben die beiden Erwärmungsproben, die bei den kationcapillaraktiven[2] Verbindungen ein negatives Ergebnis zeigen, den Nachweis der oxäthylierten direkt neben den kationcapillaraktiven[2] Produkten. Für den Fall, daß kationcapillaraktive[2] Verbindungen abwesend sind, stehen eine ganze Anzahl von dann für Polyalkylenoxydverbindungen spezifischen Reaktionen zur Verfügung. Gegebenenfalls kann man aus einem Gemisch beider Gruppen die kationcapillaraktiven[2] Verbindungen durch Fällung mit einem geeigneten Farbstoff entfernen und im Filtrat dann die Polyalkylenoxydverbindungen nachweisen.

Die nächste Tabelle soll nicht erschöpfend sein, sondern nur die große Reaktionsfreudigkeit der Polyglykole[3] und der Polyalkylenoxyd- und Polyalkyleniminderivate mit den verschiedensten Typen von Reagenzien zeigen:

Man ersieht aus der Tabelle, daß sich die einzelnen Reagenzien außerordentlich verschieden verhalten und deshalb nicht nur eine Entscheidung gestatten, um welche Körperklasse es sich bei einer unbekannten Probe capillaraktiver Substanzen handelt, sondern daß sie auch sehr oft schon Einzelheiten über den Aufbau der Verbindung verraten. Man kann mit ihrer Hilfe z. B. den Polymerisationsgrad[4] von Polyalkylenoxyden, den

---

[1] Angew. Chem. **61**, 235 (1949).

[2] Lies ternäre und quarternäre Verbindungen.

[3] Im Vergleich mit der nachfolgenden Tabelle ist interessant, daß C. BOYD SHAFFER, FRANCES H. CRITCHFIELD u. CHARLES P. CARPENTER: Amer. J. Physiol. **152**, 93 (1948) feststellten, daß Polyglykole von niederem Mol.Gew. im Körper in beschränktem Umfang abgebaut werden. G. QUADBECK: Seifen-Öle-Fette-Wachse **75**, 227 (1947) u. Klin. Wschr. **27**, 449 (1949) hält Polyglykole vom Mol. 282 ab für gut verträglich und auch für therapeutische Zwecke geeignet. (Zusammenarbeit zwischen BASF Ludwigshafen/Rh. und Kaiser-Wilhelm-Institut Heidelberg.)

[4] Wenigstens der Größenordnung nach.

Produkt bzw. *Verbindungsklasse*	*Prüfungen*																	
	Erwärmungsprobe 1	Erwärmungsprobe 2	Tanninprobe 1	Tanninprobe 2	Tanninprobe 3	Bromprobe 1	Bromprobe 2	Jodprobe 1	Jodprobe 2	Heteropolysäureprobe 1	Heteropolysäureprobe 2	Nitroprussidprobe	Ammoncobaltrhodanidprobe	Anionprobe	Kationprobe	Ammonrhodanidprobe	Ammonmolybdatprobe	Mayers-Reagens-Probe
Diäthylenglykol (Mol 106)	−	−	−	−	−	−	−	−	−	−	−	−	−	−	−	−	−	−
Triäthylenglykol (Mol 150)	−	−	−	−	−	−	−	−	(+)	−	−	−	−	−	−	−	−	−
Tetraäthylenglykol (Mol 194)	−	−	−	−	−	−	−	+	+	−	+	−	−	−	−	−	−	−
Polyäthylenglykol (Mol 282)	−	−	−	−	−	−	+	+	+	−	+	−	−	−	−	−	−	−
,, (Mol 348)	−	−	−	−	−	−	+	+	+	−	+	−	−	−	−	−	−	−
,, (Mol 392)	−	−	−	+	+	−	+	+	+	−	+	−	−	−	−	−	−	−
,, (Mol 458)	−	−	−	+	+	−	+	+	+	−	+	−	−	−	−	−	−	−
,, (Mol 546)	−	−	−	+	+	−	+	+	+	−	+	−	−	−	−	−	−	−
,, (Mol 810)	−	−	(+)	+	+	−	+	+	+	−	+	−	−	−	−	−	−	+
,, (Mol 2658)	−	−	+	+	+	−	+	+	+	−	+	−	−	−	−	−	−	+
,, (Mol 4418)	−	−	+	+	+	−	+	+	+	−	+	−	−	−	−	−	−	+
Polyäthylenimin	−	−	+	+	+	+	+	+	+	+	+	−	+	−	−	−	+	+
Äthylenglykolmonoäthyläther	−	−	−	−	−	−	−	−	−	−	−	−	−	−	−	−	−	−
Äthylenglykolmonopropyläther	−	−	−	−	−	−	−	−	−	−	−	−	−	−	−	−	−	−
Äthylenglykolmonobutyläther	−	−	−	−	−	−	−	−	(+)	−	−	−	−	−	−	−	−	−
Diäthylenglykolmonoäthyläther	−	−	−	−	−	−	−	−	−	−	−	−	−	−	−	−	−	−
Diäthylenglykolmonobutyläther	−	−	−	−	−	−	−	+	+	−	(+)	−	−	−	−	−	−	−
Kationcapillaraktive Verbindungen nicht oxäthyliert[1]	−	−	+	−[4]	+	+	+	+	+	+	+	+	+	+	−	+	+	+
Kationcapillaraktive Verbindungen oxäthyliert[1]	−	−	+	−	+	+	+	+	+	+	+	+	+	+	+	−	+	+
Anioncapillaraktive Verbindungen	−	−	−	−[5]	−[5]	−	−	−	−[5]	−[5]	−[5]	−	−	−	+	−	−	−
Alkylolaminkondensate	−	−	−	−	−	−	−	−	−	−	−	−	−	−	−	−	−	−
Polyalkoholkondensate	−	−	−	−	−	−	−	−	−	−	−	−	−	−	−	−	−	−
Polyalkylenoxydaddukte[2] mit bis zu 10 Mol Alkylenoxyd, unsulfoniert	+[3]	+[7]	+[7]	+[7]	+[7]	−[6]	+[7]	+[7]	+[7]	−[6]	+[7]	−[6]	+[7]	−[6]	−	−[6]	−[6]	+[7]
Dasselbe mit über 10 Mol Alkylenoxyd, unsulfoniert	−	+	+	+	−	−	+	+	+	−	+	−	+	−	−	−	−	+
Polyalkylenoxydaddukte[2] sulfoniert	−	−	−	−	+	−	+	+	+	−	+	−	+	−	+	−	−	−

[1] Lies ternäre und quarternäre Verbindungen.

[2] Dasselbe gilt wahrscheinlich auch für die Polyalkyleniminaddukte.

[3] Einzelheiten über den Einfluß des Oxäthylierungsgrades und der Länge des oxäthylierten Restes siehe Erwärmungsproben.

[4] Eulan NKFW und Solidogen BSE geben dabei positive Reaktion.

[5] Soweit anioncapillaraktive Stoffe, wie z. B. Seifen durch Säuren zerlegt werden, geben sie mit sauren Reagenzien natürlich positive Reaktion.

[6] Polyalkyleniminaddukte bzw. Polyalkyleniminderivate geben positive Reaktion.

[7] Polyalkyleniminaddukte bzw. Polyalkyleniminderivate geben ebenfalls positive Reaktion.

(+) bedeutet eben erkennbare positive Reaktion.

Oxäthylierungsgrad[1] von Alkylenoxydaddukten und ihre eventuelle Sulfonierung erkennen.

Die Tabelle zeigt weiter, daß die Anionprobe bei den Polyalkylenoxydaddukten negativ ausfällt. Diese Tatsache bedarf jedoch noch einer Ergänzung, die allerdings weniger von praktischem, dafür aber um so mehr von theoretischem Interesse ist. Wir haben schon oben experimentelle Beweise dafür erbracht, daß sich Polyalkylenoxyde (bzw. ihre sich in wässeriger Lösung bildenden Polyoxoniumhydroxyde) mit Salzen und Säuren zu ternären Polyoxoniumverbindungen umsetzen und dann mit geeigneten Reagenzien für den Nachweis solcher Verbindungen positiv reagieren. Wir haben auf Grund dieser experimentellen Befunde für die zurückhaltenden und egalisierenden (farbstoffaffinen) Eigenschaften vieler Polyalkylenoxydaddukte sauren Farbstoffen gegenüber die Erklärung gegeben, daß dabei die Farbstoffe mit den ternären Polyoxoniumverbindungen sehr große und schwer lösliche Anion-Kation-Komplexe liefern und die diese Eigenschaft aufhebende Wirkung eines gleichzeitigen Zusatzes von „Nekal BX" dahin gedeutet, daß Polyalkylenoxydaddukte z. B. mit „Nekal BX" ternäre Polyoxoniumnekalsalze bilden, die mit den sauren Farbstoffen nicht mehr reagieren. Wir konnten die Richtigkeit dieser Anschauung auch noch durch folgende Versuche beweisen:

2,5 ml einer etwa 1%igen wässerigen Lösung des Adduktes aus Stearinsäure und 30 Mol Äthylenoxyd wird mit 2 ml 30%iger Ammoniumchloridlösung versetzt. Die Lösung bleibt dabei völlig klar. Nunmehr wird diese Lösung zum Sieden erhitzt, um ihr Gelegenheit zu geben, zur Bildung des kationcapillaraktiven Polyoxoniumsalzes:

$$\left[C_{17}\cdot H_{35}\cdot \overset{\overset{\displaystyle O}{\|}}{C}\cdot O\cdot CH_2\cdot \underbrace{(CH_2\cdot \overset{\overset{\displaystyle NH_4}{\cdot}}{O}\cdot CH_2)}_{ca\,11}\cdot \underbrace{(CH_2\cdot O\cdot CH_2)}_{ca\,18}\cdot CH_2\cdot OH\right]^{+}\cdot \underset{ca\,11}{\overset{-}{Cl}}$$

(Mit Oxonierungsgrad ca. 37 gerechnet)

Beim Erwärmen tritt zunächst, wie schon oben beschrieben, eine sehr starke Trübung auf, die aber sehr rasch zum großen Teil wieder verschwindet, was z. B. bei der Erwärmungsprobe 1 beim Stearinsäure-10-Äthylenoxydaddukt nicht der Fall ist. Ein Beweis dafür, daß im ersteren Falle chemisch etwas geschieht. Nach einigen Minuten wird die Lösung abgekühlt, wobei sie wieder völlig klar wird. Setzt man nun zu dieser Lösung tropfenweise eine etwa 1%ige wässerige Lösung von „Nekal BX" salzfrei (also ein typisches Reagens auf kationcapillaraktive Verbindungen) zu, so entsteht sofort an der Einfallstelle eine starke Fällung, die sich zunächst beim Schütteln wieder löst, aber beim Zusatz von etwa 2,5 ml Nekal BX-Lösung ihr Maximum erreicht. Beim weiteren Zusatz von Nekallösung geht die Fällung wieder in Lösung. Wir sehen also alle Erscheinungen, wie wir sie bei der Anionprobe beschrieben haben. Die

[1] Wenigstens der Größenordnung nach.

Fällung ist nicht etwa die Ausfällung des Ammoniumsalzes des „Nekals BX“, denn eine Mischung von 2,5 ml Nekal-BX-Lösung, 2,5 ml destilliertes Wasser und 2 ml 30%iger Ammoniumchlorid-Lösung bleibt vollständig klar und zeigt höchstens nach längerer Zeit eine ganz schwache Opalescenz. Ebensowenig zeigt eine Mischung von 2,5 ml Nekal-BX-Lösung, 2,5 ml Stearinsäure-30-Äthylenoxydaddukt und 2 ml destilliertes Wasser irgend eine Fällung. Es bleibt daher für die beobachtete Erscheinung nur die Erklärung übrig, daß sich das obige Stearylpolyoxoniumchlorid mit Nekal umsetzt zu der schwerlöslichen Anion-Kation-Verbindung:

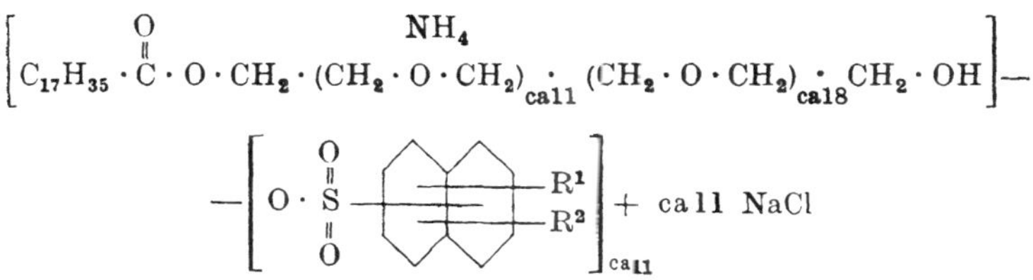

Damit ist aber zugleich auch die Richtigkeit unserer Anschauung noch einmal experimentell bewiesen.

Man kann auch so verfahren, daß man zunächst 2,5 ml „Nekal-BX“-Lösung und 2 ml Ammoniumchlorid-Lösung (30%ig) mischt und nunmehr 2,5 ml der Lösung des Stearinsäureadduktes zufügt. Auch hier entsteht sofort eine starke Fällung. Auch mit dem Stearinsäure-20-Äthylenoxydaddukt haben wir dieselben Versuchsergebnisse erhalten, nur waren hier etwa 4 ml „Nekal-BX-“Lösung zur Fällung erforderlich. Auch Phenyl- und Naphthylmepasinsulfonat ergeben dieselben Versuchsergebnisse, ersteres etwas schwieriger. Dagegen ergeben Mersolat, Leonil S, Mayamin, Sulfobernsteinsäureester und Fettalkoholsulfonate die Reaktion nicht. Bei ihnen scheint nach Tastversuchen die Anwesenheit von Säuren (H-Ionen) erforderlich zu sein[1]. Ammoniumchlorid kann bei dieser Reaktion durch Ammoniumjodid ersetzt werden. Dabei ist der entstehende Niederschlag aber schon in einem sehr kleinen Überschuß des Reagenses wieder löslich. Natriumjodid, Natriumbromid und Natriumchlorid geben die Reaktion nicht.

„Nekal BX“ kann aber auch die Rolle des Ammoniumchlorids übernehmen und mit Polyalkylenoxydaddukten ternäre Polyoxoniumnekalsalze bilden: 2,5 ml der Nekal-Lösung werden mit 2,5 ml der Stearin-30-polyäthylenoxydadduktlösung versetzt, zum Sieden erhitzt und nach einigen Minuten auf Zimmertemperatur abgekühlt. Dem äußeren Anschein nach ist nichts passiert. Es ist aber trotzdem eine chemische Reaktion vor sich gegangen durch die Bildung der folgenden Verbindung:

[1] Dafür spricht das Versuchsergebnis, daß bei den obigen Versuchen die freie Nekalsäure wesentlich leichter reagiert, d. h. daß man schon mit einigen Tropfen Ammonchloridlösung dicke Niederschläge erhält.

$$\left[C_{17}H_{35}\cdot \overset{\overset{\displaystyle O}{\|}}{C}\cdot O\cdot CH_2\cdot (CH_2\cdot \overset{\overset{\displaystyle Na}{\cdot}}{O}\cdot CH_2)_{ca\,11}\dot{}(CH_2\cdot O\cdot CH_2)_{ca\,18}\dot{}CH_2\cdot OH\right]^{+}-$$

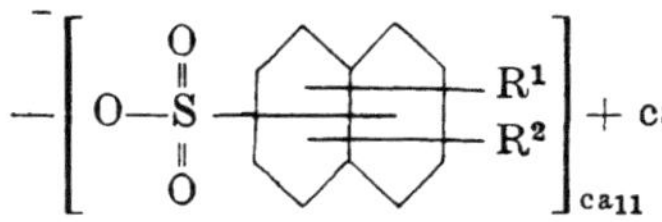

$+$ ca 11 NaCl

die im Gegensatz zu der entsprechenden Verbindung mit NH_4 als dritten Liganden aber leicht löslich ist. Diese Verbindung gibt, wie erwartet, positive Reaktion einerseits bei der Kationprobe (z. B. mit „Levogen WW“ und „Blancorol B“), bei der der Nekalanteil nachgewiesen wird, andererseits bei der Bromprobe 2 und der Heteropolysäureprobe 2, die das Polyalkylenoxydaddukt erfassen. Sie gibt aber auch starke positive Reaktion bei der Bromprobe 1 und der Heteropolysäureprobe 1 (allerdings nur mit Kieselwolframsäure), die auf die beiden Bestandteile des Reaktionsgemisches einzeln nicht ansprechen, sondern positive Reaktion ausschließlich mit kationcapillaraktiven Verbindungen ergeben. Also muß im Reaktionsgemisch die oben vermutete kationcapillaraktive Verbindung entstanden und vorhanden sein. Wir glauben, daß diese rein chemische Erklärung die beobachteten Vorgänge wesentlich besser (oder überhaupt erst) erklärlich macht, als die rein kolloidchemische Betrachtungsweise, wie sie von E. GOETTE[1] und anderen angestellt wurde[2].

Wir haben bis jetzt absichtlich noch keinen eingehenden Analysengang, sondern nur die wichtigsten neuen Reaktionen der drei großen Hauptklassen der capillaraktiven Verbindungen und ihre theoretischen Grundlagen gebracht. Nunmehr können wir an die praktische Analyse gehen. Es handelt sich dabei in erster Linie um die Feststellung, ob die unbekannte capillaraktive Substanz kation- oder anioncapillaraktiv ist oder ob sie zur Gruppe der sogenannten Nichtionogenen Verbindungen gehört. Um zunächst einmal einen Überblick über das Gebiet dieser Arbeit zu geben, möchten wir die Einteilung von GOETTE[1] anführen, ihr aber zum besseren Verständnis die typischen und allgemeinen Formelbilder beifügen und sie im Sinne unserer experimentellen Befunde und deren Ausdeutung durch uns zu ergänzen.

Einteilung der capillaraktiven Verbindungen.

1. *Kationcapillaraktive* Verbindungen	$\left[(xR\cdot Z)\right]^{+}\cdot\overset{-}{SG}$	Dabei ist Z das Zentralatom (O,S,P,N), SG eine saure Gruppe z. B. Cl, $CH_3\cdot COO$, HCOO und R=. Alkyl, Aryl, Aralkyl usw., darunter meist ein langes Alkyl.

[1] Die Chemie **57**, 67 (1944). Vergl. auch E. VALKÓ u. A. CHWALA l. c.

[2] Die von uns ausgearbeiteten Reaktionen können nicht durch die Annahme einer bloßen Quellung gedeutet werden. Ihnen liegen vielmehr klare und übersichtliche chemische Umsetzungen zu Grunde.

2. *Anioncapillaraktive* Verbindungen: $R-\overset{-}{SG}\cdot\overset{+}{Me^1}$ Dabei ist R = ein großes oder langes Alkyl, Aryl, Aralkyl, SG eine saure Gruppe und Me^1 ein Alkalimetall, die NH_4-Gruppe, ein Amin oder ein Alkylolamin.

3. *Ampholite* mit Betaincharakter oder interne Sulfate oder Sulfonate:

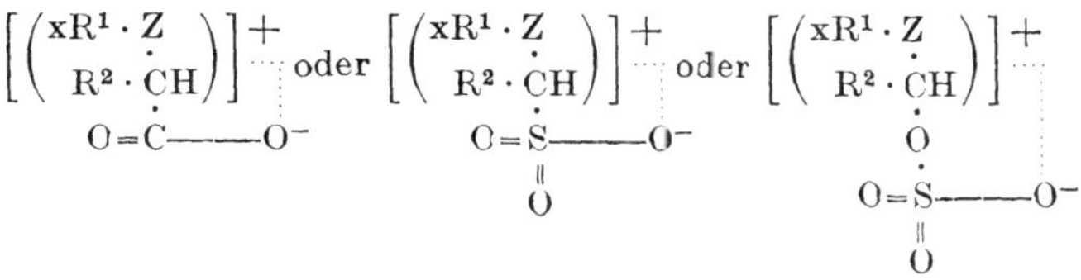

Dabei bedeutet Z das Zentralatom und R^1 und R^2 Alkyl, Aryl, Aralkyl usw. darunter meist ein langes Alkyl.

4. *Nichtionogene*[1] capillaraktive Verbindungen mit (Anioncharakter)[1]

$R\,.\,O\cdot CH_2\cdot(CH_2\,.\,O\cdot CH_2)_x\cdot CH_2\cdot OH$

[Alkohol-(Phenol-, Naphtol-)-Polyglykol*äther*]

$R\cdot\underset{\underset{O}{\|}}{C}\cdot O\cdot CH_2\cdot(CH_2\cdot O\cdot CH_2)_x\cdot CH_2\cdot OH$

(Fettsäure-polyglykol*ester*) und Alkylglukoside.

5. *Nichtionognene*[1] capillaraktive Verbindungen mit (Kationcharakter)[1]

$R\cdot\underset{\underset{H}{\cdot}}{N}\cdot CH_2\cdot(CH_2\cdot\underset{\underset{H}{\cdot}}{N}\cdot CH_2)_x\cdot CH_2\cdot NH_2$

[*Monoalkyl*-(Aryl-, Aralkyl-)-polyäthylen-imine]

$R\cdot\underset{\underset{O}{\|}}{C}\cdot\underset{\underset{H}{\cdot}}{N}\cdot CH_2\cdot(CH_2\cdot\underset{\underset{H}{\cdot}}{N}\cdot CH_2)_x\cdot CH_2\cdot NH_2$

(*Monoacyl*polyäthylenimine)

6. *Anion-Kation*-Verbindungen:

$$\left[(x\,R^1\cdot Z)\right]-O\cdot\overset{\overset{O}{\|}}{\underset{\underset{O}{\|}}{S}}\cdot R^2 \quad\text{oder}\quad \left[(x\,R^1\cdot Z)\right]-O\cdot\underset{\underset{O}{\|}}{C}\cdot R^2$$

$$\text{oder}\quad \left[(x\,R^1\cdot Z)\right]-O\cdot\overset{\overset{\overset{H}{O}}{\cdot}}{\underset{\underset{O}{\|}}{P}}\cdot R^2$$

Dabei bedeuten R^1 und R^2 Alkyle, Aryle, Aralkyle, davon ein R^1 und R^2 meist länger.

Dazu kommen Kreuzungen[3] zwischen diesen sechs Klassen z. B.:

Kreuzung der Klasse 4 mit Klasse 2 durch Sulfonierung.

$$R\cdot O\cdot CH_2\cdot(CH_2\cdot O\cdot CH_2)_x\cdot CH_2\cdot O\cdot\overset{\overset{O}{\|}}{\underset{\underset{O}{\|}}{S}}\cdot O\cdot Me^I \quad\text{und}$$

$$R\cdot\underset{\underset{O}{\|}}{C}\cdot O\cdot CH_2\cdot(CH_2\cdot O\cdot CH_2)_x\cdot O\cdot\overset{\overset{O}{\|}}{\underset{\underset{O}{\|}}{S}}\cdot O\cdot Me^I$$

Kreuzung der Klasse 3 mit Klasse 5 durch Acylierung und Überführung in ein Karbonsäuresalz zu einer anioncapillaraktiven Substanz gemacht. (Klasse 2)

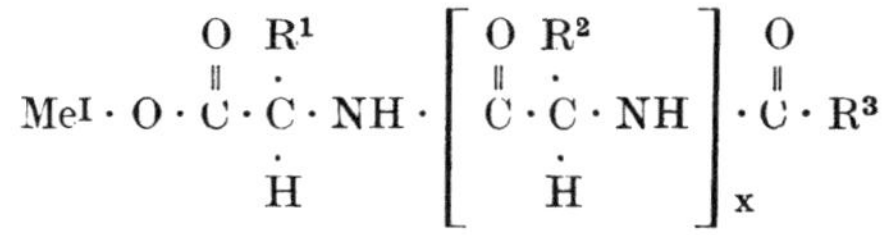

Dabei bedeutet R^3 ein langes Fettalkyl, die übrigen R Wasserstoff oder Alkyl und Aryl. Beispiel: Albumin (Lysalbin-Protalbinsäuregemisch), das schon selbst eine Kreuzung zwischen Klasse 3 und 5 darstellt.

Kreuzung der Klasse 1 mit Klasse 4 durch Oxäthylierung.

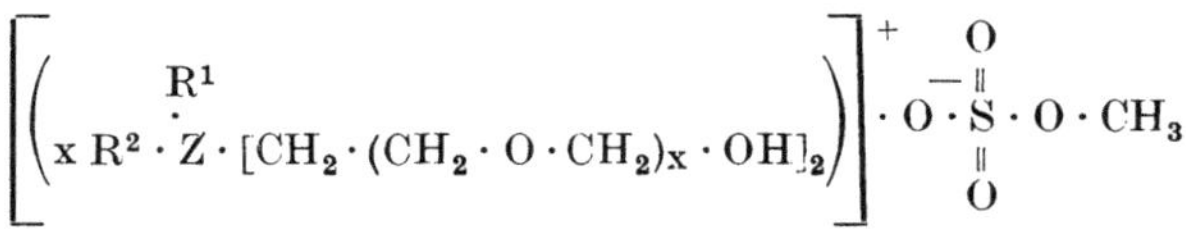

Dabei bedeutet R^1 ein langes Alkyl.

Anmerkungen:

1. Wir konnten zeigen, daß die nicht ionogenen capillaraktiven Stoffe der GOETTEschen Klasse 4 in wässeriger Lösung keinesfalls „nicht ionogen", auch nicht von „anionischem Charakter", sondern kationcapillaraktiv sind. Die Verbindungen der GOETTEschen Klasse 5 sind ebenfalls in Lösung nicht „nichtionogen mit Kationcharakter", sondern wirklich kationcapillaraktiv. Man müßte daher diese beiden Klassen 4 und 5 in die Klasse 1 einreihen mit folgenden allgemeinen Formelbildern:

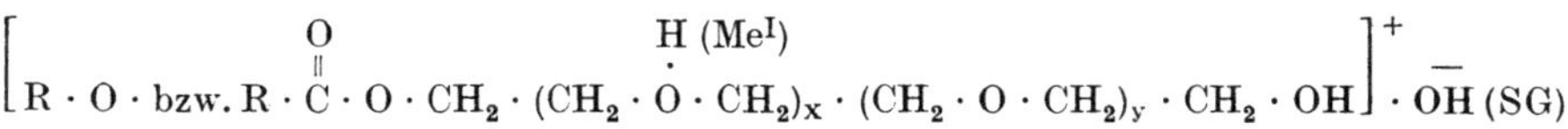

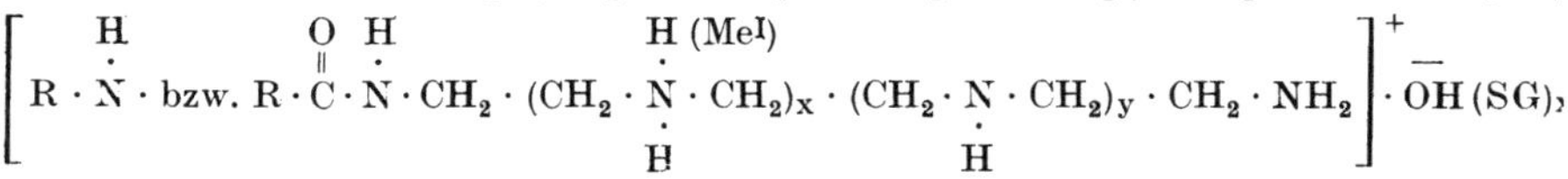

wodurch sich die Zahl der einfachen Verbindungsklassen auf vier verringern würde: Kationcapillaraktive, Anioncapillaraktive, Ampholitische und Anion-Kation-Verbindungen. Vgl. später unsere neue Einteilung.

2. Nach GOETTE umfassen die sogenannten nichtionogenen capillaraktiven Stoffe nur die Polyalkylenoxyd- und Polyalkyleniminaddukte. Daneben aber gibt es auch noch andere nichtionogene capillaraktive Stoffe, wie z. B. die Alkylolaminkondensate (Ester und Amide von Fettsäuren mit Alkylolamin) und die Polyalkoholkondensate (Ester und Amine). Wir werden deshalb weiterhin nicht mehr von „nichtionogenen capillaraktiven Stoffen" sprechen, sondern diese in ihren Untergruppen anführen, wie wir dies bereits in der Tabelle S. 131 getan haben.

3. Sie zeigen oft besondere Effekte, je nachdem die kationischen oder anionischen Eigenschaften überwiegen. So geben z. B. manche sauren Farbstoffe, wenn sie genügend basische Stickstoffgruppen enthalten, Farblacke mit den Heteropolysäuren. Vgl. B. ZSCHIMMER, u. C. IMMERHEISER: DRP 286467, 289878 und 403002, Fanalfarben BASF Ludwigshafen/Rh.

Eine nach ganz anderen Gesichtspunkten aufgestellte Einteilung in 6 Verbindungstypen bringt J. HETZER[1], die in dieser zusammenfassenden Darstellung ihrer guten Übersichtlichkeit wegen kurz zusammengefaßt wiedergegeben werden soll. Nach HETZER lassen sich die capillaraktiven Verbindungen in folgende 6 Typen einteilen:

[1] J. HETZER: Textilhilfsmitteltabellen, 2. Aufl. Berlin: Springer 1938.

1. Stumpen *Schäumer, Netzer,* keine Wäscher

kurzer hydrophober Rest

eine endständige hydrophile Gruppe

a) Salze von niedermolekularen Fettsäuren,
b) niedere Alkoholsulfonate,
c) Salze von Alkylnaphthalinsulfosäuren (Nekale),
d) Harzseifen.

2. Stangen (Schäumer, Netzer) *Wäscher*

langer hydrophober Rest

eine endständige hydrophile Gruppe

a) Salze von hochmolekularen Fettsäuren,
b) Mersolate,
c) höhere Alkoholsulfonate (extern),
d) Salze von Fettsäurekondensationsprodukten (auch von fettaromatischen Sulfosäuren: Igepone, Naccanole usw.).
e) Anlagerungsprodukte von Äthylenoxyd, auch sulfoniert.

3. Störche (Schäumer), *Netzer,* (Wäscher)

langer hydrophober Rest

eine mittelständige hydrophile Gruppe.

a) Blockierte Sulfoleate bzw. Sulforizinate,
b) Interne Oleylsulfonate.

4. Zweiachser *Dispergatoren,* Keine Wäscher

langer hydrophober Rest

Zwei hydrophile Gruppen eine mittel-, eine endständig.

a) Sulfoleate und Sulforicinate,
b) Oleylalkoholdisulfonate.

5. Flieger *Dispergatoren,* Keine Wäscher Keine Netzer

langer hydrophober Rest

Zwei mittelständige hydrophile Gruppen.

a) Blockierte Ricinusöldischwefelsäureester,
b) . . . .

6. Dreiachser *Dispergatoren,* Keine Wäscher Keine Netzer

langer hydrophober Rest

Drei hydrophile Gruppen, zwei mittel- eine endständig.

a) Ricinusöldischwefelsäureester,
b) . . . .

Gelegentlich entstehen bei der Herstellung eines capillaraktiven Stoffes absichtlich oder durch die Reaktionsbedingungen nicht vermeidbar mehrere dieser Typen nebeneinander. So stellen z. B. die Mersolate ein Gemisch der Typen 2 (Stangen), 3 (Störche), 4 (Zweiachser) und 5 (Flieger) dar, wodurch sich ihre Universalität (sie sind gute Wäscher, Netzer, und Dispergatoren neben genügender Schaumwirkung) erklärt.

Die vorhergehenden Tabellen haben schon gezeigt, daß eine recht beträchtliche Zahl von Verbindungsklassen capillaraktiver Verbindungen existiert, die in sich wieder vielfältig aufgegliedert sind. Deshalb muß die qualitative Untersuchung als Grundlage für die quantitative Bestimmung zunächst mit einer Eingliederung in große Verbindungsklassen beginnen. Als geeignet hierfür hat sich das folgende Untersuchungsschema erwiesen:

Untersuchungsgang.
Prüfungen.

Lfd. Nr.	*Stoffklasse*	Kationprobe	Anionprobe	Erwärmungsprobe 1	Erwärmungsprobe 2	Tanninprobe 1	Tanninprobe 2	Tanninprobe 3	Jodprobe 3
1	Polyalkoholkondensate	—	—	—	—	—	—	—	—
2	Alkylolaminkondensate	—	—	—	—	—	—	—	—
3	Anioncapillaraktive Stoffe	+	—	—	—	—	—	—	—
4	Kationcapillaraktive Stoffe[1]	—	+	—	—	+	—	+	+
5	Polyalkyleniminaddukte[2]	—	+	—	+	+	+	+	—
6	Polyalkylenoxydaddukte bis 10 Mol Ä. O., unsulfoniert	—	—	+	+	+	+	+	—
7	Dasselbe über 10 Mol Äthylenoxyd unsulfoniert	—	—	—	+	+	+	+	—
8	Polyalkylenoxydaddukte sulfoniert	+	—	—	—	—	—	+	—

Anmerkungen:

1. Falls die Reagenzien der obigen Proben sauer sind, wie z. B. die der Tanninprobe 1 und 2, geben natürlich Seifen (Gruppe 1) positive Reaktion. Ihr Reaktionsschema, falls sie allein vorhanden ist, wäre + — — — — + + —.

2. Die angegebenen Reaktionen fallen alle kräftig und positiv aus. Sollte daher an irgend einer Stelle nur eine sehr schwach positive Reaktion auftreten, oder eine Reaktion in ein anderes Reaktionsschema übergreifen, so bedeutet dies, daß eine Verunreinigung vorliegt, die einer anderen Stoffklasse angehört. Als Beispiele seien angeführt die Anwesenheit von Seifen bei Polyalkohol- bzw. bei Alkylolaminkondensaten, die dann bei der Kationprobe schwach positive Reaktion ergeben würden, oder die Anwesenheit von geringen Mengen unsulfonierten Äthylenoxydaddukten in an sich sulfonierten.

Man ersieht aus der Tabelle, daß Polyalkohol- bzw. Alkylolaminkondensate durch keine der hier angegebenen Reaktionen erfaßt werden. Bei

[1] Ternäre und quarternäre Verbindungen.

[2] Nicht-quarternäre Ammoniumverbindungen.

vollständig negativem Ausfall aller 8 Proben können an capillaraktiven Substanzen also nur diese beiden Gruppen vorhanden sein. Ist dagegen irgend eine Reaktion für die anderen Stoffklassen positiv, so können die beiden zuerst genannten Klassen daneben in Frage kommen. Auf sie wird in den kommenden Untersuchungsgängen noch Rücksicht genommen. Alle anderen Reaktionsbilder sind eindeutig für die betreffende Stoffklasse, wenn nur diese vorhanden ist. Überprüft man das Reaktionsschema dieses Untersuchungsganges einmal für den Fall, daß auch Mischungen aus je 2 Stoffklassen vorkommen können, so ersieht man, daß sich auch dann noch unter Zuhilfenahme einiger weiterer Reaktionen völlige Klarheit über die Zusammensetzung des unbekannten Produkts erzielen läßt. Die folgende Tabelle möge das erläutern:

Stoffklasse bzw. *Stoffklassengemisch*	*Reaktionsschema*							
(1) o. (2) o. (1+2)	−	−	−	−	−	−	−	−
(3)	+	−	−	−	−	−	−	−
(8) o. (3+8)	−	−	−	−	−	−	+	−
(3+4) o. (4+8)	+	+	−	−	+	−	+	+
(3+5) o. (5+8)	+	+	−	+	+	+	+	−
(3+6) o. (6+8)	+	−	+	+	+	+	+	−
(4)	−	+	−	−	+	−	+	+
(4+5) o. (4+7)	−	+	−	+	+	+	+	+
(4+6)	−	+	+	+	+	+	+	+
(6) o. (6+7)	−	−	+	+	+	+	+	−
(5) o. (5+7)	−	+	−	+	+	+	+	−
(7)	−	−	−	+	+	+	+	−
(3+7) o. (7+8)	+	−	−	+	+	+	+	−
(5+6)	−	+	+	+	+	+	+	−

Keines der 14 Reaktionsbilder wiederholt sich, d. h. auch unter der Annahme, daß von den 8 Stoffklassen der obigen Tabelle jeweils 2 nebeneinander vorhanden sein können, ergibt sich bei der Prüfung ohne Weiteres, ob die 3 Hauptklassen: Anion- (3) bzw. Kation- (4) capillaraktive[1] Verbindungen und unsulfonierte Polyalkylenoxydaddukte (7) vom Oxäthylierungsgrad bis etwa 10 allein vorhanden sind. Ebenso sind die Paare (4 + 6) und (5 + 6) eindeutig festgelegt, d. h. es sind, wenn dieses Reaktionsschema erhalten wird, die Stoffklassen (4) und (6) bzw. (5) und (6) vorhanden. Ähnlich liegt der Fall beim Reaktionsschema (5) oder (5 + 7). Hier ist (5) sicher vorhanden. Ob daneben noch (7) vorhanden ist, kann man auf zweierlei Weise feststellen. Entweder durch die Jodprobe 1, Anmerkung 2 oder durch Ausfällung von (5) durch einen sauren Farbstoff z. B. Heliogenblau SBL. Im Filtrat kann dann (7) nach einer der vielen Reaktionen der Tabelle S. 131 nachgewiesen werden. Beim

[1] Ternäre und quarternäre Verbindungen.

Formelbild (3 + 4) oder (4 + 8) sind Verbindungen nach (4) sicher vorhanden. Sie können durch einen sauren Farbstoff z. B. Heliogenblau SBL quantitativ ausgefällt werden. Im Filtrat ergibt sich dann die Unterscheidung zwischen (3) oder (8) sehr einfach durch eine Prüfung auf (8) nach S. 131. Sehr leicht läßt sich auch die Entscheidung zwischen (3 + 5) oder (5 + 8) treffen. (5) ist auf jeden Fall vorhanden und kann mit Heliogenblau SBL quantitativ ausgefällt werden. Im Filtrat ergibt sich die Entscheidung zwischen (3) und (8) nach Tabelle S. 131.

Bei Erhalt der Reaktionsschemen (3 + 6) oder (6 + 8) einerseits und (3 + 7) oder (7 + 8) andererseits, ist (6) bzw. (7) sicher vorhanden. Zur Entscheidung, ob außer (6) bzw. (7) die Stoffklassen (3) oder (8) vorhanden sind, fällt man die letzteren aus den in Frage stehenden Lösungen mit einem kleinen Überschuß von „Blancorol B". Dabei werden jeweils nur (3) und (8) gefällt. Im Filtrat lassen sich dann (6) bzw. (7) noch einmal durch die schon beschriebenen Einzelreaktionen (Seite 131) nachweisen. Der Niederschlag wird einige Male mit destilliertem Wasser gewaschen, mit wenig heißer verdünnter Salzsäure vom Filter gelöst und nach der Heteropolysäureprobe 2 auf (8) geprüft. Ist die Prüfung positiv, handelt es sich um das Paar (6 + 8) bzw. (7 + 8), andernfalls kommen (3 + 7) bzw. (3 + 6) in Frage. Die Entscheidung zwischen (4 + 5) oder (4 + 7) ist ebenfalls leicht. (4) ist auf jeden Fall vorhanden. Da man aber (4) und (5) mittels Heliogenblau SBL quantitativ ausfällen kann, kann man im Filtrat auf (7) nach Tabelle S. 131 prüfen. Ist die Prüfung positiv, dann liegt das Paar (4 + 7) vor, ist sie negativ, ist das Paar (4 + 5) vorhanden.

Wir haben bis jetzt die Vorprüfung einer unbekannten capillaraktiven Substanz auf die in Frage kommenden Stoffklassen beschrieben und wenden uns jetzt diesen in unserer neuen Systematik einzeln zu:

I. Klasse der kationcapillaraktiven Verbindungen.

a) Ternäre und quarternäre Verbindungen.

1. *Ternäre Oxoniumverbindungen:*

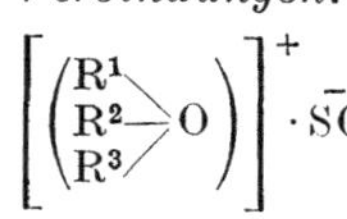

2. *Ternäre Sulfoniumverbindungen:*

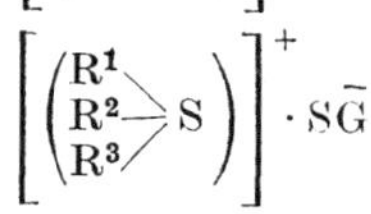

3. *Quarternäre Ammoniumverbindungen:*

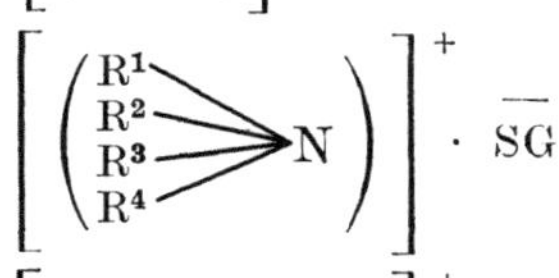

4. *Quarternäre Phosphoniumverbindungen:*

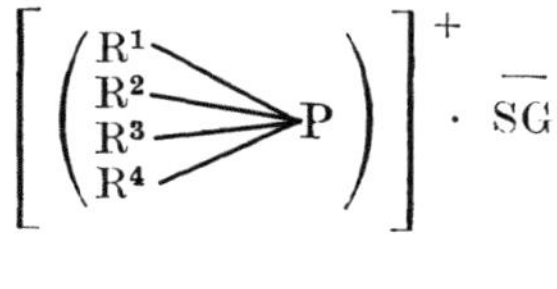

Dabei bedeuten R^1, R^2, R^3, und R^4 Alkyle, Aryle, Aralkyle usw., auch substituiert. Ein R ist gewöhnlich ein langes Fettalkyl, einige sind oft Methyl. Zwei R können jeweils auch durch einen Ring ersetzt werden (z. B. Produkte aus Pyridin oder aliphatischen Iminen usw.). SG bedeutet eine saure Gruppe z. B. SO_4'', Cl′, Acetat′, Formiat′ usw. Über die möglichen Kreuzungen mit anderen Klassen siehe S. 135 u. 136. Die Formel des „Zephirols“ wäre darnach z. B.:

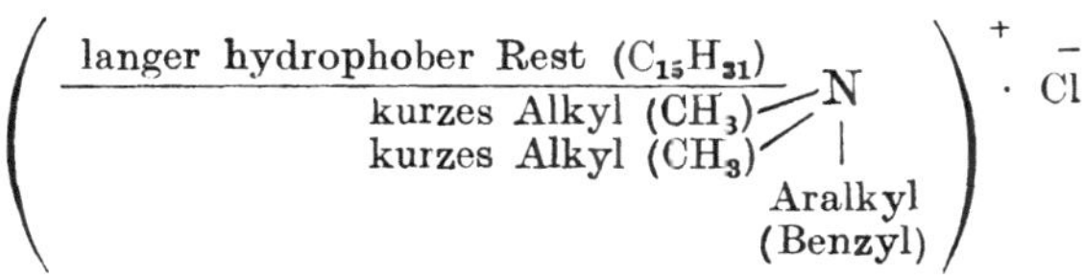

und die des „Eulans NK“[1, 2]:

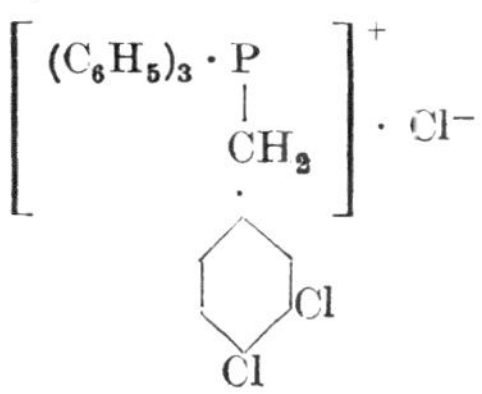

Bei der Untersuchung von Verbindungen dieser Klasse stellten wir zunächst fest, daß einige Produkte, die wir ihrer Reaktionen wegen anfänglich zu den ternären bzw. quarternären kationcapillaraktiven Verbindungen gerechnet hatten, gar nicht zu diesen gehören, sondern vielmehr zu der Gruppe der Polyalkyleniminaddukte, unter der wir aber im weiteren Sinne auch Verbindungen mit meist mehreren dreiwertigen Stickstoffatomen verstehen wollen. Auch sie sind, genau wie die Polyalkylenoxydaddukte nur solange keine nichtionogenen Verbindungen, als sie nicht durch Wasser-, Salz- oder Säureanlagerung in nicht-quarternäre Ammo-

[1] Stötter, H.: Moderne Mottenmittel, Angew. Chem. A **59**, 145 (1947).

[2] Man beachte aber, daß es auch Eulane gibt, die dem entgegengesetzten Typ der anioncapillaraktiven Verbindungen angehören, z. B. das „Eulan CN“:

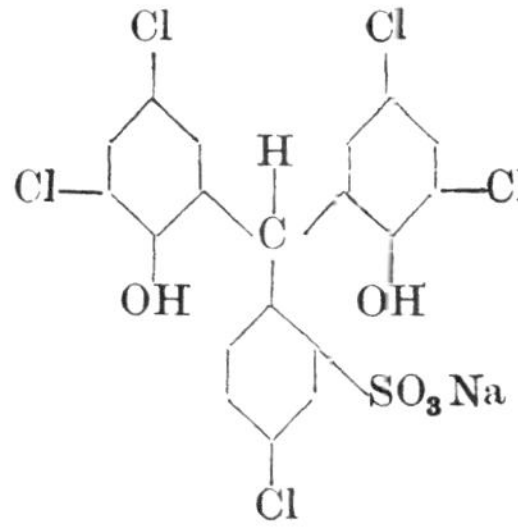

Demzufolge fällen sich Eulan CN und Eulan NK und NKFW gegenseitig aus.

niumverbindungen[1] mit 'großem (auch aktivem) Kation übergeführt worden sind. Dann verhalten sie sich allerdings bei vielen, aber wie die Tabelle auf S. 138 zeigt, nicht bei allen Reaktionen wie die oben angeführten ternären oder quarternären Verbindungen. Wir wollen zunächst die letzteren behandeln.

Hat die Vorprüfung das ausschließliche Vorhandensein von ternären bzw. quarternären kationcapillaraktiven Verbindungen (4) ergeben, so orientieren die Schwefel-, Phosphor- und Chlorprobe sowie die Triglykol-Magnesia-Alkaliprobe darüber, ob es sich um eine Phosphonium-, eine Sulfonium- oder Ammoniumverbindung handeln kann. Fehlen sowohl Schwefel, als auch Phosphor und Stickstoff, so kann nur eine Oxoniumverbindung vorliegen. Ist nur Phosphor oder nur Stickstoff oder nur Schwefel vorhanden, so ist der Fall auch völlig klar. Bei Schwefel neben Phosphor oder neben Stickstoff kann entweder die saure Gruppe schwefelhaltig sein, oder es kann sich um eine Kreuzung der oben erwähnten Art handeln. Meist ist jedoch Chlor als saure Gruppe vorhanden. Fehlt dieses, so prüft man durch eine saure Destillation auf flüchtige organische Säuren (flüchtige organische Säure-Prüfung).

Zur Untersuchung standen uns ,,Eulan NKFW", ,,Zephirol", ,,Sapamin KW" und ,,Leukotrop O" zur Verfügung.[2] Die Formeln für ,,Zephirol" und ,,Eulan NKFW" haben wir schon oben gebracht. Die der zwei anderen Produkte sind:

Sapamin KW

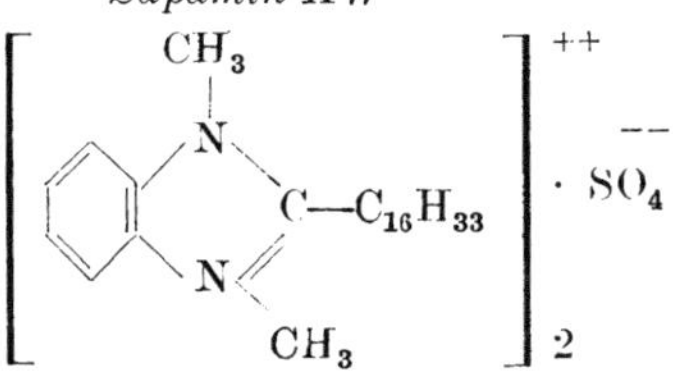

n-Hexadecyl-N-N'-dimethyl-benzimidazoliumsulfat[3]

Leukotrop O

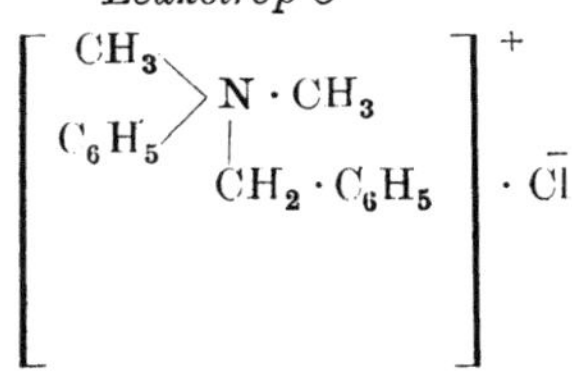

Dimethyl-benzyl-phenyl-ammoniumchlorid

Im Prinzip geben alle ternären und quarternären capillaraktiven Verbindungen die bisher für diese Gruppe beschriebenen Reaktionen, doch unterscheiden sie sich natürlich durch das Zentralatom und dadurch, daß sie je nach der Länge und der Konstitution der Liganden manche Gruppenreaktionen nicht geben. Als Beispiel möge folgende Tabelle dienen:

[1] Auch Polyammoniumverbindungen.

[2] In diese Gruppe gehören z. B. noch Quartamon, Desazon und Pergynosan, (E. FLOTOW, vgl. Fußnote 8, S. 115). Außerdem ,,Eulan NKF", Alkylpyridiniumhalogenide, ,,Leukotrop W", ,,Selan T", ,,Sapamin BCH", Phenanthridinium- u. Morpholiniumsalze, Betonicin, Turicin, Aneurin (Vitamin B1), Cholin, Lecithin, die Cocymase usw.

[3] Schweiz. Patent Nr. 163274 (1933), Ciba.

Reagens.

Verbindung	Platintetrachchlorid-Lösung 5% ig	Ferrocyankalium-Lösung 5% ig	n NaOH-Lösung	Brechweinstein-Lösung 5% ig[2]	0,05 n $KMnO_4$-Lösung[1]	Nesslers Reagens	Tanninprobe[2]	Katanol 0 5%	Phosphorprobe	Stickstoffprobe *	Salpetersäure (1:4)[2]	Kristallose 5%[2]	Jodprobe 4[3]	Resorcin-Lösung 5% ig
,,Eulan NKFW"	+	—	+ gelb	+	+	+ gelb	+	+	+	—	+	+	+ gelb-grün	+
,,Zephirol"	+	+	—	+	+	+ gelbl	—	+	—	+	+	+	+ gelb-grün	—
,,Sapamin KW"	+	+	+ weiß	+	+	+ gelbl	—	+	—	+	+	+	+ gelb-grün	—
,,Leukotrop 0"	+	—	—	—	+	+ gelb	—	+	—	+	—	—	— blau	—

Anmerkungen:

1. ,,Eulan NKFW" gibt leuchtend violette Flocken, ,,Zephirol" weinrote dichte Fällung, ,,Sapamin WK" weinrote Flocken, ,,Leukotrop 0" braunrote dichte Fällung. Läßt man durch das Reaktionsgemisch etwa 5—10 ml Chloroform durchfallen oder schüttelt man mit diesem kurz durch, so färbt sich die Chloroformschicht kräftig rot bis rotviolett. (Vgl. E. Flotow, Fußnote 8, S. 115, der aber sehr viel verdünnter gearbeitet und deshalb die Niederschlagsbildung nicht beobachtet, sie jedenfalls nicht erwähnt hat und der außerdem noch 10%ige Schwefelsäure zusetzt.) Wir fanden, daß dieser Zusatz nicht erforderlich ist. Tetrachlorkohlenstoff gibt die Reaktion mit oder ohne Schwefelsäure nicht. Dagegen kann man auch Äther verwenden. ,,Leukotrop 0" reagiert dabei nicht. ,,Sapamin KW" und ,,Eulan" geben gefärbte Ätherschichten, deren Färbung aber sehr rasch wieder verschwindet. Nur ,,Zephirol" gibt eine beständige rotviolette Ätherfärbung.

2. Diese Proben geben positive Reaktionen nur dann, wenn einer der Liganden am Zentralatom ein langes Alkyl ist.

3. Diese Probe ist charakteristisch für Verbindungen ohne langes Alkyl. Diese ergeben keine Fällung, sondern Blaufärbung. Die ein langes Alkyl tragenden Verbindungen ergeben lediglich eine grüne bis braune Trübung bzw. Fällung, die sich auf Zusatz von 0,01 n Jodlösung verstärkt, während bei den Verbindungen mit kurzen Liganden die Blaufärbung bestehen bleibt.

Einen weiteren Einblick in den Aufbau der Verbindungen gestattet die Verseifbarkeitsprobe, die z. B. bei ,,Eulan NKFW" einen relativ hohen Wert ergibt.

Auf diese Weise ist es immer möglich, auch schon rein qualitativ gewisse Aussagen über den Aufbau der ternären und quarternären Ver-

* Triglykol-Magnesia-Alkaliprobe

bindungen zu machen. Auf eine erschöpfende Darstellung aller Möglichkeiten, die sich aus dem bisher Gesagten ohne Weiteres ergeben, kann deshalb hier verzichtet werden.

b) Verbindungen mit meist mehreren dreiwertigen Stickstoffatomen
[in Lösung als nicht-quarternäre Ammoniumverbindungen[1] vorliegend (5)].

In diese Gruppe gehören z. B. „Solidogen BSE“, „Levogen WW“, „Luresin“, „Sapamin CH“, „Antistin“ usw.[2]. Die Konstitutionsformeln für die ersten drei Verbindungen sind noch nicht bekannt.

„*Sapamin CH*“ ist: 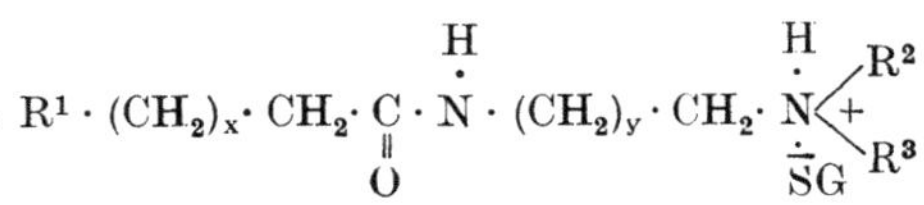

„*Antistin*“ ist: 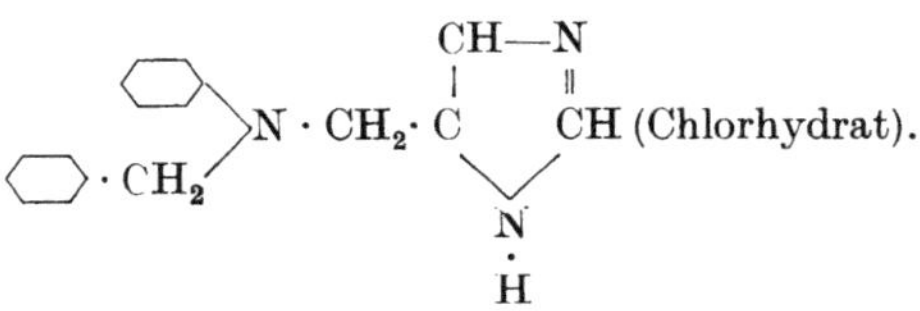

Weiter gehören in diese Gruppe die Polyalkyleniminaddukte und die entsprechend substituierten Polyamide, Säurehydrazide, Harnstoffe, Thioharnstoffe, Hexamethylentetramin, Ureide, Guanidine, Semicarbazide, Cyanamide, Dicyanamide, Cyanursäure (Triazine), Diamine und deren Formaldehydkondensationsprodukte usw.[3]. Als spezielle Beispiele seien genannt:

Di-(octylaminoäthyl)-glycin-lactat:

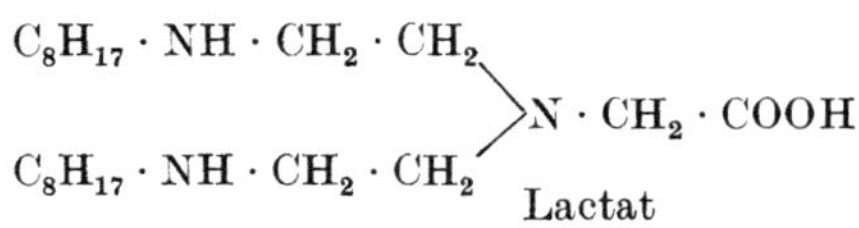

und Alkylaminoäthylglycinhydrochlorid;

Alkyl · $NH \cdot CH_2 \cdot CH_2 \cdot NH \cdot CH_2 \cdot COOH$ · Chlorhydrat — Tego 103 —

(THEODOR GOLDSCHMIDT, Essen[4]), wenn sie auch schon Kreuzungen mit anioncapillaraktiven Verbindungen darstellen.

Die qualitativen Reaktionen dieser Gruppe sind vielfach dieselben, wie die der Gruppe 4 (ternäre und quarternäre Verbindungen). Es handelt sich ja auch hier um kationaktive Stoffe, die auch capillaraktiv sind, wenn sie einen genügend langen hydrophoben Rest besitzen. Trotzdem

[1] Auch Polyammoniumverbindungen.

[2] z. B. auch: Sapamin A, Alkylimidazolinhydrochloride, Percain, Nicotin, Histidin, Histamin usw.

[3] Weiter Imidazoline, Oxazoline, Tetrazole (Cardiazol), Piperazine, Pyrazine und die Purine.

[4] KRÜPE, W.: Desinfektion u. Schädlingsbekämpfung **41** A, 93 (1949).

gelang es uns in der Jodprobe 3 und in der Kaliumpermanganatprobe 1 zwei Reaktionen zu finden, bei der die Verbindungen dieser Gruppe (5) im Gegensatz zu denen der Gruppe (4) negativ reagieren. Die Jodprobe (4) gestattet auch hier die Unterscheidung zwischen kurzen und langen Kohlenwasserstoffresten. So besitzen z. B. „Solidogen BSE" und „Sapamin CH" längere und „Levogen WW" und „Antistin" nur kurze Kohlenwasserstoffreste, wozu auch Phenyl, Benzyl, Naphthyl usw. (auch wenn sie kurz substituiert sind) rechnen. Unter sich können sie dadurch unterschieden werden, daß sie sich bestimmten Reagenzien gegenüber verschieden verhalten, wie die nachfolgende Tabelle beispielhaft zeigen soll:

Prüfung:

Verbindung	Meyers-Reagens	Neßlers-Reagens	Eisen-Ammoniak-Alaun-Lösung 5%ig kochend	Pikrinsäure-Lösung gesättigt	Kaliumcyanat-Lösung 5%ig	Stickstoffprobe S. 182	0,1 n NaOH-Lösung	Natriumazid-Lösung 5%ig	Gelatine-Kochsalz-Probe[5]	Ammoniumchlorid-Lösung 30%ig	Tanninprobe 2	$KMnO_4$-Probe 1
„Solidogen BSE"	+ gelb	+[1] gelbl.	+	+	—	+	—	—	—	—	+	—[6]
„Levogen WW"	+ weiß	+[2] gelb	+	+	+	+	+	+	+	+	—	—[6]
„Antistin"	+ gelb	+[3] weiß	—	+	+	+	+	—	—	—	—	—[6]
„Sapamin CH"	+ weiß	+[4] weiß	—	+	+	+	—	—	—	—	—	—[6]

Wir kommen nunmehr zur Gruppe:

c) *Polyalkylenoxydaddukte*

(in wässeriger Lösung als kationcapillaraktive Polyoxoniumverbindungen vorliegend).

Diese Gruppe umfaßt folgende oxäthylierte Verbindungen:

1. *Fettalkohole*: $R \cdot CH_2 \cdot O \cdot CH_2 \cdot (CH_2 \cdot O \cdot CH_2)_x \cdot CH_2 \cdot OH$ (Polyäther-alkohol)

[1] Beim Erhitzen über gelb u. orange in gelblichgrün übergehend.

[2] Beim Erhitzen direkt in grüngrau übergehend.

[3] Beim Erhitzen gelb werdend.

[4] Beim Erhitzen gelblich werdend.

[5] Durch dieses Reagens werden z. B. gefällt Eulan NKFW, Sapamin WK und andere ternäre bzw. quarternäre Verbindungen, nicht aber z. B. Zephirol, Beobachtungen, die vielleicht im Hinblick auf die Desinfektionswirkung von quarternären Basen in Gegenwart von Eiweiß von Interesse sind.

[6] Im Gegensatz zu den ternären und quarternären kationcapillaraktiven Substanzen, werden hier keine farbigen Niederschläge und keine gefärbten Chloroformösungen, sondern nur Braunsteinausscheidungen erhalten.

2. *Alkylphenole*[1]: 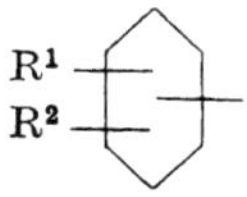 $-O \cdot CH_2 \cdot (CH_2 \cdot O \cdot CH_2)_x \cdot CH_2 \cdot OH$

(Polyäther-alkohol)

3. *Alkylnaphthole*[1]: 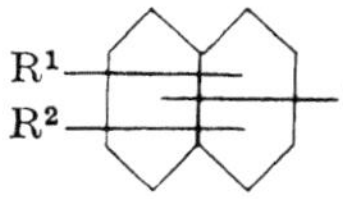 $-O \cdot CH_2 \cdot (CH_2 \cdot O \cdot CH_2)_x \cdot CH_2 \cdot OH$

(Polyäther-alkohol)

4. *Fettsäure-Alkylolamin-äthylenoxydaddukte:*

$$\begin{array}{l} R \cdot \underset{\underset{O}{\|}}{C} \cdot N \cdot (CH_2)_x \cdot OH \\ \qquad\quad | \\ \qquad\quad CH_2 \cdot (CH_2 \cdot O \cdot CH_2)_y \cdot CH_2 \cdot OH \end{array}$$

(Säureamid-polyäther-alkohol)

oder

$$\begin{array}{l} R \cdot \underset{\underset{O}{\|}}{C} \cdot N \cdot (CH_2)_x \cdot O \cdot CH_2 \cdot (CH_2 \cdot O \cdot CH_2)_y \cdot CH_2 \cdot OH \\ \qquad\quad | \\ \qquad\quad CH_2 \cdot (CH_2 \cdot O \cdot CH_2)_z \cdot CH_2 \cdot OH \end{array}$$

(Säureamid-polyäther-alkohol)

oder

$$R \cdot \underset{\underset{O}{\|}}{C} \cdot N \begin{cases} (CH_2)_x \cdot O \cdot CH_2 \cdot (CH_2 \cdot O \cdot CH_2)_y \cdot CH_2 \cdot OH \\ (CH_2)_x \cdot O \cdot CH_2 \cdot (CH_2 \cdot O \cdot CH_2)_z \cdot CH_2 \cdot OH \end{cases}$$

(Säureamid-polyäther-alkohol)

oder

$$[CH_2 \cdot (CH_2 \cdot O \cdot CH_2)_y \cdot CH_2 \cdot OH]_2{=}N\text{-}(CH_2)_x \cdot O \cdot \overset{\overset{O}{\|}}{C}{-}R$$

(Polyäther-alkohol-aminoalkylol-ester)

oder

$$\begin{array}{l} N{=}\left[(CH_2)_x \cdot O \cdot \overset{\overset{O}{\|}}{C} \cdot R\right]_2 \\ | \\ CH_2 \cdot (CH_2 \cdot O \cdot CH_2)_y \cdot CH_2 \cdot OH \end{array}$$

(Polyäther-alkohol-aminoalkylol-ester)

oder

$$N \begin{cases} (CH_2)_x \cdot O \cdot \overset{\overset{O}{\|}}{C} \cdot R \\ (CH_2)_x \cdot O \cdot CH_2 \cdot (CH_2 \cdot O \cdot CH_2)_y \cdot CH_2 \cdot OH \\ (CH_2)_x \cdot O \cdot CH_2 \cdot (CH_2 \cdot O \cdot CH_2)_z \cdot CH_2 \cdot OH \end{cases}$$

(Polyäther-alkohol-aminoalkylol-ester)

oder

$$\begin{array}{l} N{=}\left[(CH_2)_x \cdot O \cdot \overset{\overset{O}{\|}}{C}{-}R\right]_2 \\ | \\ (CH_2)_x \cdot O \cdot CH_2 \cdot (CH_2 \cdot O \cdot CH_2)_y \cdot CH_2 \cdot OH \end{array}$$

(Polyäther-alkohol-aminoalkylol-ester)

[1] Hier wären auch die oxäthylierten Alkylcyclohexanole, Oxythionaphtene, Oxysulfolane und ähnliche Verbindungen zu erwähnen (siehe S. 156).

5. *Fettsäuren*: $$\mathrm{R \cdot \overset{\overset{\displaystyle O}{\|}}{C} \cdot O \cdot CH_2 \cdot (CH_2 \cdot O \cdot CH_2)_x \cdot CH_2 \cdot OH}$$

(Polyäther-ester-alkohol)

An Stelle der Fettalkohole, der alkylierten Phenole und Naphthole und der Fettsäuren sind natürlich auch die entsprechenden Thioverbindungen denkbar.[1] Auch aromatische oder aliphatisch-aromatische Säuren wären möglich.

Außerdem können die Polyalkylenoxydaddukte durch Sulfonierung an den freien endständigen OH-Gruppen in Sulfonate übergeführt werden, wodurch Äther-, Säureamid-, Säureamidäther- und Estersulfonate entstehen, z. B.:

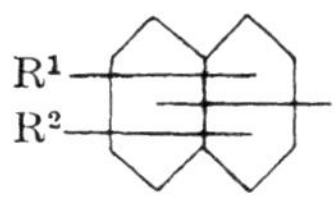

$$\mathrm{—O \cdot CH_2 \cdot (CH_2 \cdot O \cdot CH_2)_x \cdot CH_2 \cdot O \cdot \underset{\underset{\displaystyle O}{\|}}{\overset{\overset{\displaystyle O}{\|}}{S}} \cdot O \cdot Me^I}$$

Praktisch sind uns bis jetzt solche Sulfonate nur von den oxäthylierten Alkylphenolen und Alkylnaphtholen vorgekommen. Diese Verbindungen gehören zwar als Alkoholsulfonate zu den anioncapillaraktiven Verbindungen. Da sie aber nach dem Untersuchungsgang S. 138 ohne weiteres erkannt werden, wenn in der zu untersuchenden Probe nur eine bestimmte Stoffklasse vorhanden ist, sollen ihre analytischen Reaktionen schon hier behandelt und später bei den anioncapillaraktiven Verbindungen nur noch, wo erforderlich, kurz erwähnt werden.

Die unter Ziffer 4 genannten Fettsäure-Alkylolamin-Äthylenoxydaddukte dürfen nicht mit den in Tabelle S. 138 unter Ziffer 2 genannten Alkylolaminkondensaten verwechselt werden. Unter letzteren verstehen wir ausschließlich nicht oxäthylierte Kondensationsprodukte von Alkylolaminen mit entweder ester- oder amidartig gebundenen Fettsäuren. Selbstverständlich sind auch Verbindungen möglich, bei denen sowohl eine ester- als auch eine amidartige Bindung der Fettsäuren vorliegt. Die durch Sulfonierung derartiger Produkte an noch freien Hydroxylgruppen gewonnenen Stoffe gehören in die Gruppe der anioncapillaraktiven Stoffe und werden bei diesen mitbehandelt werden.

Sämtliche Äthylenoxydaddukte geben negative Reaktionen mit der Heteropolysäureprobe 1, der Bromprobe 1, der Ammonmolybdatprobe und der Anionprobe und positive Reaktion mit der Heteropolysäureprobe 2, der Tanninprobe 3, den Jodproben 1 und 2 und der Ammoniumkobaltrhodanidprobe. Die sulfonierten Äthylenoxydaddukte geben im Gegensatz zu den nicht sulfonierten positiv reagierenden Verbindungen, bei der Erwärmungsprobe 2, den Tanninproben 1 und 2 und der Probe mit

[1] DRP 665371 der ehemaligen IG. Farbenindustrie vom 8. September 1938. Erfinder H. Schütte †, C. Schöller BASF und M. Wittwer.

MAYERS-Reagens negative, dafür aber bei der Kationprobe positive Reaktion. Äthylenoxydaddukte mit einem Oxäthylierungsgrad von über 10 werden daran erkannt, daß sie bei der Erwärmungsprobe 1 negativ reagieren, während sie sich bei allen anderen Proben wie die Produkte mit einem Oxäthylierungsgrad bis zu 10 verhalten. Polyalkylenoxydaddukte, die einen aromatischen Kern enthalten, werden durch die Äthylglykol-Schmelz- und Kupplungsprobe erkannt, oxäthylierte Alkylolaminaddukte durch die positive Stickstoffprobe und durch die Verseifbarkeitsprobe. Über die Länge des oxäthylierten Restes unterrichtet die Jodprobe 4. Eine weitere Differenzierung gestattet die Salicylaldehydprobe.

Wir empfanden es schon immer als empfindlichen Mangel, daß dem Analytiker bis jetzt keine Möglichkeit zur Verfügung stand, sich rasch qualitativ darüber zu orientieren, ob eine Substanz verseifbar ist oder nicht. Man mußte, um dies festzustellen, immer quantitativ arbeiten, d. h. mit einem Überschuß von Alkalilauge in einem geeigneten Lösungsmittel, meist Alkohol, während längerer Zeit kochend verseifen und dann den nicht zur Verseifung verbrauchten Anteil Alkalilauge mit Säure zurücktitrieren. Wir fanden nun, daß man in äthylglykolischer Lösung mit äthylglykolischer Alkalilauge in Gegenwart von Phenolpthalein *direkt* verseifen kann[1]. Unsere Methodik haben wir in der Verseifbarkeitsprobe ausführlich beschrieben. Über ihre Anwendung zur raschen direkten Makro-, Halbmikro- und Mikrobestimmung der Verseifungszahl (quantitative Methode) werden wir gesondert berichten.

Ein außerordentlich interessantes, aber von uns erwartetes Verhalten zeigten die oxäthylierten Fettsäuren. Obwohl sie ihrer chemischen Natur nach einwandfrei Ester sind und obwohl alle anderen Ester (Türkischrotöle, Igepon A, Sulfodicarbonsäureester, Alkylolaminester usw.) und sogar Eiweißkondensationsprodukte bei unserer Verseifbarkeitsprobe glatt und einwandfrei positive Reaktion zeigen, verhalten sich die Fettsäurepolyglykolester dabei völlig negativ, während sie nach der üblichen indirekten Verseifungsmethode mit Alkaliüberschuß, auch in äthylglykolischer Lösung, ohne Weiteres verseifbar sind. Für dieses Verhalten bleibt uns keine andere Erklärung, als folgende: Fügt man zu einer Lösung von oxäthylierter Fettsäure — wir stellten dies für äthylglykolische Lösung einwandfrei fest — äthylglykolische Natron- oder Kalilauge (nicht genügend zur vollständigen Verseifung), so wird diese Alkalilauge zunächst zur Bildung von alkalisch reagierenden Polyoxoniumverbindungen der allgemeinen Formel:

---

[1] REDEMANN, C. E., u. H. J. LUCAS [Ind. Eng. Chem. Analyt. Edit. **9**, 521 (1937)] haben Diäthylenglykol als Lösungsmittel für alkalische Überschußverseifung empfohlen.

$$\left[R \cdot \overset{\overset{\displaystyle O}{\|}}{C} \cdot O \cdot CH_2 \cdot (CH_2 \cdot \underset{\underset{\displaystyle Na}{\cdot}}{O} \cdot CH_2)_x \cdot (CH_2 \cdot O \cdot CH_2)_y \cdot CH_2 \cdot OH\right]^+ \cdot {}^-(OH)_x$$

verbraucht und die Estergruppe bleibt vollständig intakt, auch wenn das Reaktionsgemisch längere Zeit auf dem Siedepunkt des Äthylglykols (134° C) gehalten wird. Die Lösung reagiert deshalb in der Siedehitze vom ersten Tropfen der zugesetzten äthylglykolischen Lauge an alkalisch. Fügt man einen Überschuß von äthylglykolischer Alkalilauge zu und titriert man nach etwa 10 min langem Kochen zurück, so findet man, daß die Estergruppe verseift worden ist. Wir wollen zunächst bis zur weiteren Klärung auch noch die Möglichkeit offen lassen, daß zwar auch schon bei Alkaliunterschuß eine Verseifung eintritt, daß aber die dabei gebildete Seife dann mit den gleichfalls entstehenden Polyglykolen zu alkalisch reagierenden Polyoxoniumsalzen zusammentritt[1]:

$$\left[OH \cdot CH_2 \cdot (CH_2 \cdot \overset{\overset{\displaystyle Na}{\cdot}}{O} \cdot CH_2)_x \cdot (CH_2 \cdot O \cdot CH_2)_y \cdot CH_2 \cdot OH\right]^+ \cdot {}^-(O \cdot \overset{\overset{\displaystyle O}{\|}}{C} \cdot R)_x$$

Als weitere sehr schöne Reaktion auf nichtsulfonierte Äthylenoxydaddukte, bei der alle anderen Klassen der capillaraktiven Stoffe negative Reaktion geben[2], haben wir die Reaktion mit 5%igen wässerigen Lösungen von Brenzkatechin, Hydrochinon und Resorcin gefunden. Sie erzeugen schon in verdünnten wässerigen Lösungen von Äthylenoxydaddukten einen dicken, weißen Niederschlag. Die von uns durchgeprüften Polyglykole bis zum Mol 2658 waren bei dieser Reaktion negativ. Erst das Polyglykol Mol 4418 ergab ebenfalls positive Reaktion. Phloroglucin verhält sich den Äthylenoxydaddukten gegenüber ganz anders und erzeugt keine Niederschläge.

Bemerkenswert ist, daß diese Niederschläge sich nicht bilden oder sich sofort wieder auflösen, wenn in der Lösung gleichzeitig anion- oder kationcapillaraktive Verbindungen z. B. „Mersolat“, „Nekal“, sulfonierte Äthylenoxydaddukte oder „Zephirol“ usw., wenn auch nur in kleinen Mengen, vorhanden sind oder zugefügt werden. Auch dieses Verhalten läßt sich nur dadurch erklären, daß sich sowohl kation- als auch anioncapillaraktive Stoffe an die Polyäthylenoxydaddukte unter Bildung von löslichen Polyoxoniumverbindungen anlagern können, so daß Brenzkatechin, Hydrochinon und Resorcin nicht mehr zu reagieren vermögen.

---

[1] Jedenfalls ergibt eine von freiem Alkali freie Natronseife z. B. in einem neutralen Polyglykol (Mol 458) in der Siedehitze in Gegenwart von Phenolphthalein eine sehr starke Rotfärbung.

[2] Als einzige positiv reagierende Verbindung haben wir bei Brenzkatechin und Resorcin „Eulan NKFW“ gefunden. Bei Hydrochinon ist aber auch bei ihm die Reaktion negativ.

Oxäthylierte Fettsäuren lassen sich durch Kochen mit Schwefelsäure 1 : 3 in Polyglykole und Fettsäuren spalten. Der Nachweis beider wird später beschrieben. Ebenso die Feststellung, ob es sich um gesättigte oder ungesättigte Fettsäuren handelt.

II. Nichtionogene Verbindungen.

Zu dieser Gruppe rechnen wir die Alkylolaminkondensate und die Polyalkoholkondensate. Als erstere kommen vor allem Verbindungen des Mono-, Di- und Triäthanolamins in Frage, die Fettsäurereste ester- oder amidartig oder in beiden Formen gebunden enthalten, z. B.

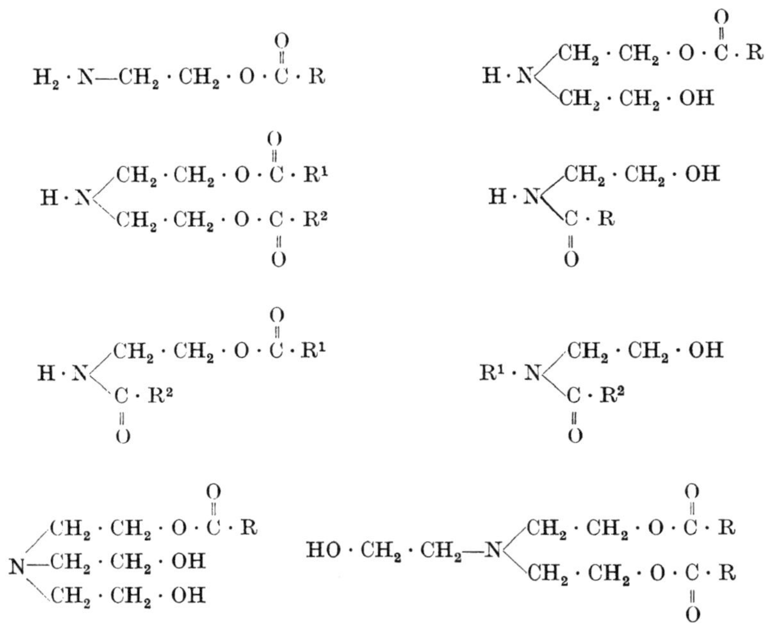

Im Analysengang fallen sie zunächst dadurch auf, daß sie, wie die Tabelle S. 138 zeigt, mit einer großen Anzahl der von uns benutzten Reagenzien keine Reaktion geben. Positiv ist bei ihnen natürlich die Stickstoffprobe. Wir haben weiter gefunden, daß die käufliche Diazoverbindung „Nitrazol CFK“[1] in Natriumbicarbonat-Lösung ein ausgezeichnetes Reagens auf Ammoniak und Ammoniumverbindungen und ebenso auf Alkylolamine ist. Da die Anwesenheit von Ammoniumsalzen sehr leicht durch Kochen der wässerigen Lösung mit Magnesiumoxyd festgestellt werden kann, ist die Nitrazol CFK-Probe bei Abwesenheit von Ammoniumsalzen in dieser Gruppe spezifisch für die Alkylolaminverbindungen. Ammoniumsalze

[1] Naphtholchemie, Offenbach a. M.

geben mit diesem Reagens eine intensiv rotorange, Triäthanolamin keine, Diäthanolamin eine fahlgelbe und Monoäthanolamin eine stark gelbe Färbung, bzw. bei größerer Menge die entsprechenden Niederschläge[1]. Auch substituierte Alkylolamine geben die Reaktion. Weitere Aufschlüsse über die Konstitution der zu untersuchenden Verbindungen dieser Gruppe geben die NESSLERS-Reagens-Probe und die Verseifbarkeitsprobe. Man kann die Nitrazol CFK-Probe auch nach der Verseifung, d. h. nach der Abspaltung der Fettsäuren noch einmal durchführen (nach der Verseifung neutralisieren und mit Bicarbonat versetzen) und erhält dann die Reaktion noch viel schärfer. Ein weiteres Charakteristikum für die Alkylolaminkondensate ist die Tatsache, daß sie bei der Kaliumpermanganatprobe 2 augenblicklich eine Grünfärbung ergeben.

Unter Polyalkoholkondensaten verstehen wir die Fettsäureester von mehrwertigen Alkoholen, z. B. von Äthylenglykol, Diäthylenglykol, Glycerin, Diglycerin, Erythrit, Pentaerythrit, Propandiolen, Butan-di, -tri- und -tetraolen, Hexiten usw., z. B. nach dem Schema:

$$\begin{array}{cccccccc} CH_2 & - & CH & - & CH & - & CH_2 \cdot O \cdot & \overset{\displaystyle O}{\overset{\|}{C}} \cdot R \\ | & & | & & | & & & \\ OH & & OH & & OH & & & \end{array}$$

Sie enthalten weder Stickstoff noch Schwefel noch Halogen usw., sondern nur Kohlenstoff, Wasserstoff und Sauerstoff und geben positive Verseifbarkeitsprobe. Nach ihrer alkalischen Verseifung geben sie meist die WAGENAARsche Reaktion positiv und beim Kochen mit NESSLERS-Reagens, besonders in sehr stark alkalischer Lösung, eine Schwarzfärbung durch ausgeschiedenes metallisches Quecksilber. Glycerin, auch neben Glykol, läßt sich im Sauerwasser nach der Verseifung nach den üblichen in der Literatur beschriebenen Methoden nachweisen.

III. Anioncapillaraktive Verbindungen.[2]

Die Zahl der zu dieser Gruppe gehörenden Textilhilfsmittel ist erheblich größer als die der bisherigen Gruppen, weil in ihr außerordentlich viele Variations- und Kombinationsmöglichkeiten gegeben sind. Es ist deshalb erforderlich, sie nach großen allgemeinen Unterscheidungsmerkmalen in Untergruppen zusammenzufassen:

1. Seifen: Salze[3] von Fett-, Ketoncarbon, Oxyfett-, Polyoxyfett-, Harz-, Wachs-, Naphthen- und Gallensäuren[4]:

$$\underline{\text{langer aliphatischer oder alicyclischer hydrophober Rest (R)}}\;\overset{\displaystyle O}{\overset{\|}{C}}\text{—O} \cdot \text{Me}^{\text{I}}$$

[1] Siehe Hinweis auf Echtrot AL-Salz S. 176.

[2] In allen drei Klassen finden sich auch biologisch und medizinisch wichtige Stoffe, für die die angegebenen Reaktionsmöglichkeiten also auch zutreffen können.

[3] Metall- oder Ammonium- oder Amin- oder Alkylolaminsalze.

[4] Vgl. WURZSCHMITT, B.: Wasch- u. Reinigungsmittel, Chem.- Techn. Untersuchungsmeth., Erg. Bd. III, S. 608 (Springer 1940).

R kann auch Oxy- und Ketogruppen enthalten und durch andere Gruppen z. B. —C=C—, —NH—, —NH · C(=O)—, —O—, —S—, —SO_2— usw. unterbrochen sein, wobei aber immer noch *ein* verhältnismäßig langer Rest bleiben muß. Wegen der Wichtigkeit einzelner Vertreter dieser Möglichkeiten (z. B. Eiweißkondensationsprodukte) werden sie getrennt aufgeführt, z. B.:

2. Salze[1] *von Fettsäurekondensationsprodukten mit Oxyalkylcarbonsäuren:*

langer hydrophober Rest (R) —C(=O) · O · R · COO · Me^I (*Ester*)

3. Salze[1] *von Fettsäurekondensationsprodukten mit Aminoalkylcarbonsäuren:*

langer hydrophober Rest (R) —C(=O)—N(R^1) · R^2 · COO · Me^I (*Säureamide*)

4. Salze[1] *von Fettsäurekondensationsprodukten mit Oxyalkylsulfosäuren:*

langer hydrophober Rest (R) —C(=O) · O · R^1 · SO_3 · Me^I (*Ester*; ≡C—S-*Bindung*)

5. Salze[1] *von Fettsäurekondensationsprodukten mit Aminoalkylsulfosäuren:*

langer hydrophober Rest (R) —C(=O)—N(R^1) · R^2 · SO_3 · Me^I (*Säureamide*; ≡C—S-*Bindung*)

6. Salze[1] *von sulfonierten Ölen:*

langer hydrophober Rest (R) —C(=O)—O · Me^I
| O—SO_3 · Me^I (*Ester*; —O—S-*Bindung*)

Die Carboxylgruppe kann durch Veresterung oder Amidierung blockiert sein, z. B.:

langer hydrophober Rest (R) —C(=O) · O · R
| O—SO_3 · Me^I (*Ester*; —O—S-*Bindung*)

oder

langer hydrophober Rest (R) —C(=O) · N(R^1)(R^2)
| O—SO_3 · Me^I (*Ester*; —O—S-*Bindung*)

Die Sulfonierung kann auch mehrfach, zum Teil kann daneben auch echte Sulfierung (≡C—S—Bindung) erfolgt sein.

[1] Metall- oder Ammonium- oder Amin- oder Alkylolaminsalze.

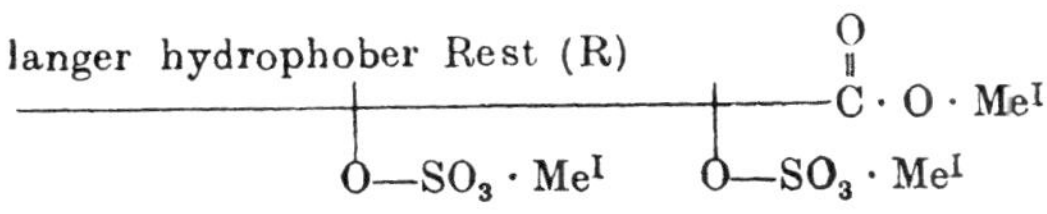

(*Ester*; —O—S-*Bindung*)

Auch die Estolide gehören hierher.

7. *Salze*[1] *von aromatischen Monocarbonsäuren z. B.:*

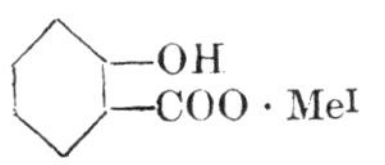

z. B. Salicylsaures Natrium

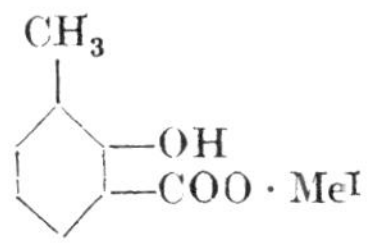

z. B. o—Kresotinsaures Ammonium

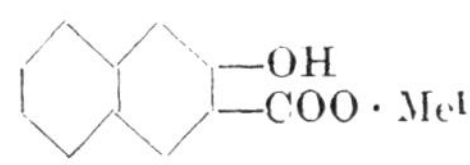

z. B. 2—3—Oxynaphthoesaures Natrium

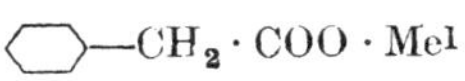

z. B. Phenylessigsaures Äthanolamin

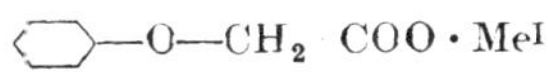

z. B. Phenoxyessigsaures Natrium.

8. *Salze*[1] *von Sulfodicarbonsäureestern:*

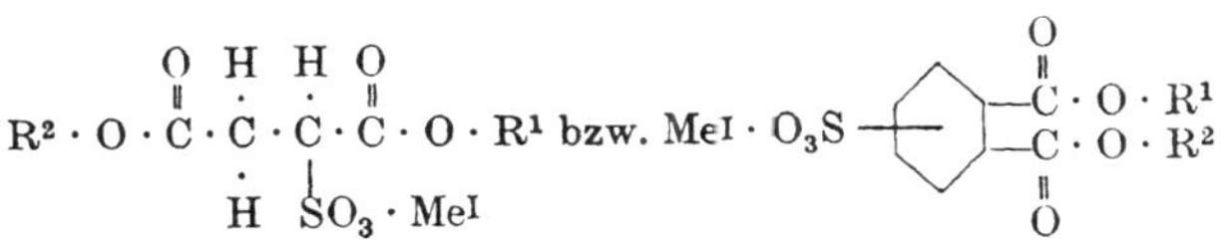

Sulfobernsteinsäure*ester* Sulfophthalsäure*ester*

(≡C—S-*Bindung*)

9. *Fettalkoholsulfonate:*

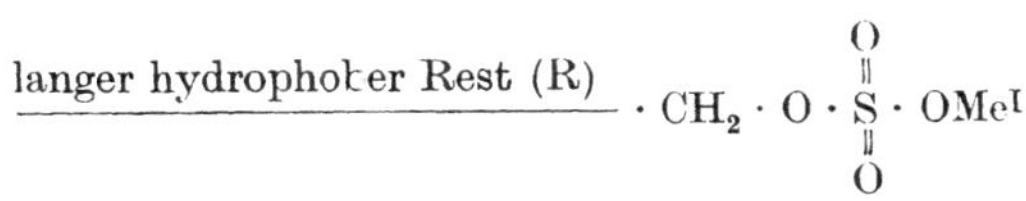

und (*Endständige Estergruppe*) (—O—S-*Bindung*)

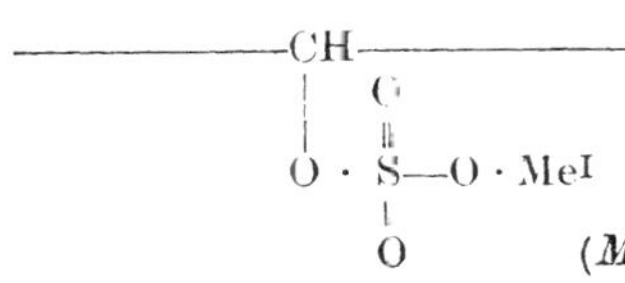

(*Mittelständige Estergruppe*) (—O—S-*Bindung*)

10. *Salze*[1] *von Alkylsulfosäuren:*

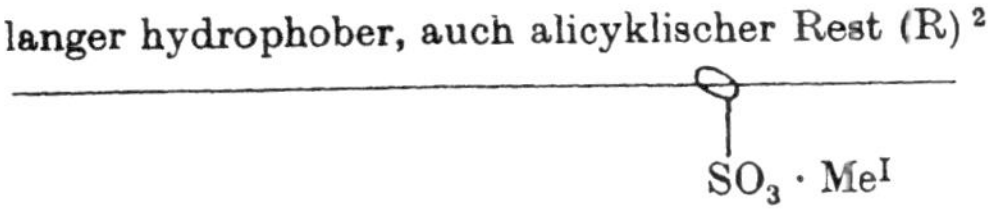

(≡C—S-*Bindung*)

[1] Metall- oder Ammonium- oder Amin- oder Alkylolaminsalze.
[2] Siehe Anm. 2 S. 154.

11. Salze[1] *von Oxyfettalkylsulfosäuren:*

$$\underline{\text{langer hydrophober Rest (R)}}\;\overset{\text{H}}{\underset{\text{HO}}{\text{C}}}\text{—}\overset{\text{H}}{\underset{\text{H}}{\text{C}}}\cdot SO_3\cdot Me^{I}$$

(endständig)
($\equiv$C—S-*Bindung*)

und

$$\text{———————}\overset{\text{H}}{\underset{\text{HO}}{\text{C}}}\text{—}\overset{\text{H}}{\underset{SO_3\cdot Me^{I}}{\text{C}}}\text{———————}$$

(mittelständig)
($\equiv$C—S-*Bindung*)

12. Salze[1] *von Alkyl-Arylsulfosäuren:*

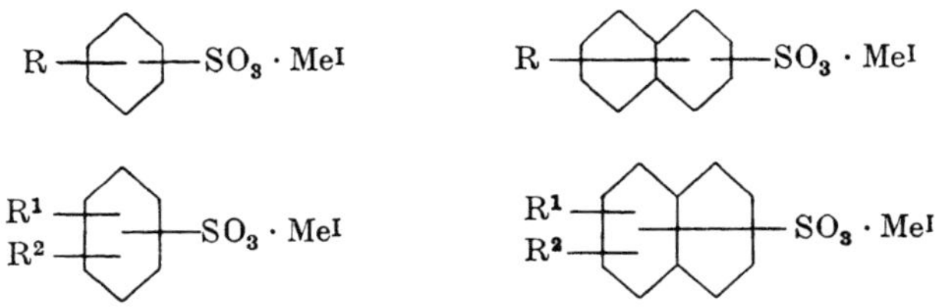

R, R^1 und R^2 sind kurze Alkyle, bezw. Aralkyle. Die Arylreste können auch noch anderweitig substituiert sein. Entsprechend mit langem R:

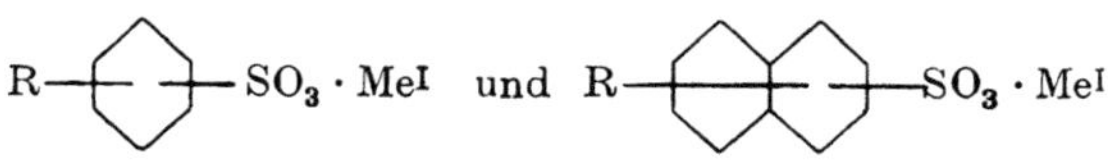

bezw.

langer hydrophober, auch alicyklischer Rest (R)[2]

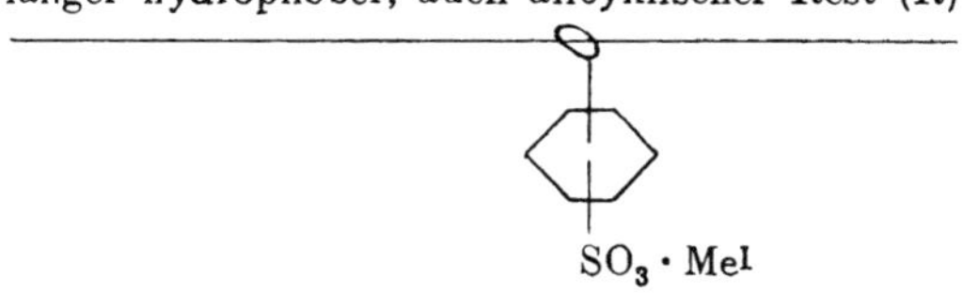

R = langes Alkyl (*überall* $\equiv$C—S-*Bindung*)

13. Salze[1] *von Kondensationsprodukten von Fettsäureamiden mit Oxyalkylsulfosäuren:*

$$\underline{\text{langer hydrophober Rest}}\;\overset{\text{O}}{\overset{\|}{\text{C}}}\text{—}\overset{\text{H}}{\text{N}}\cdot R\cdot SO_3\cdot Me^{I}$$

Säureamide
($\equiv$C—S-*Bindung*)

---

[1] Metall- oder Ammonium- oder Amin- oder Alkylolaminsalze.

[2] Die kleine Öse soll bedeuten, daß der an ihr sitzende Rest statistisch über die ganze Kettenlänge verteilt ist, bzw. sein kann.

14. Salze[1] *von Kondensationsprodukten aus Eiweißabbauprodukten bzw. Aminocarbonsäuren und Alkylsulfochloriden*[2]*:*

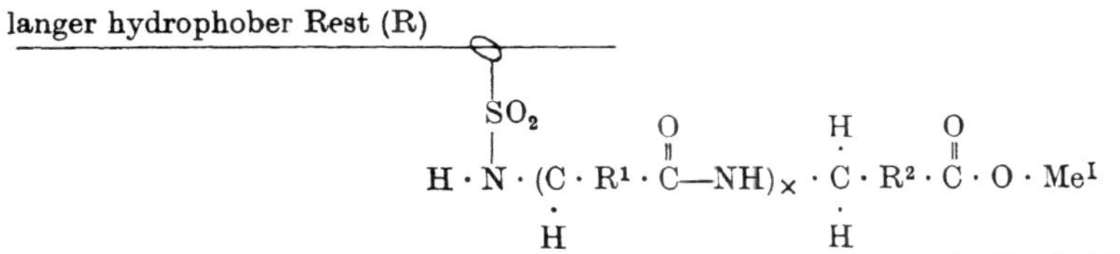

(≡C—S-*Bindung*)

15. Salze[1] *von Fettsulfosäuren*[2]*:*

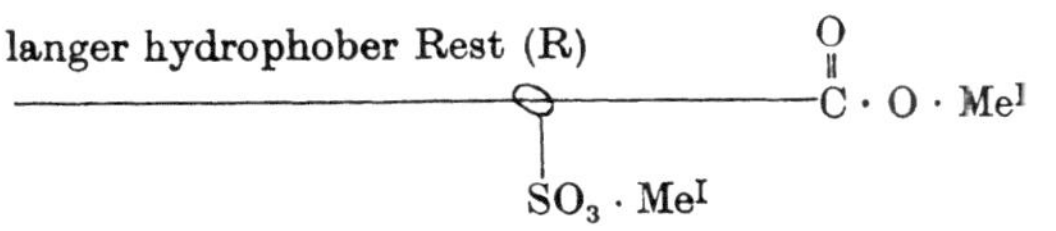

(≡C—S-*Bindung*)

16. Salze[1] *von Fettsäure-Eiweißkondensationsprodukten:*

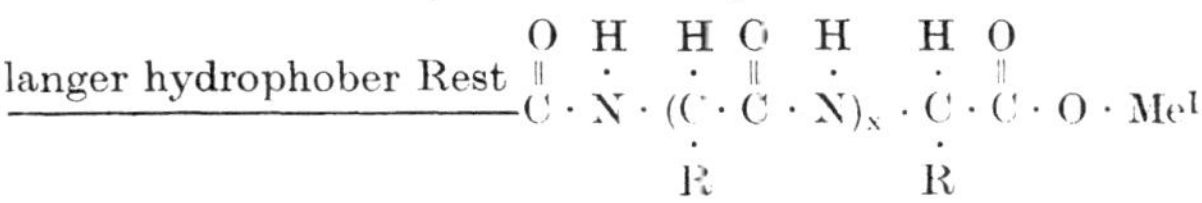

17. Salze[1] *von sulfierten Kondensationsprodukten aus Fettsäuren und aromatischen o-Diaminen:* (Benzimidazolsulfonate)[3]

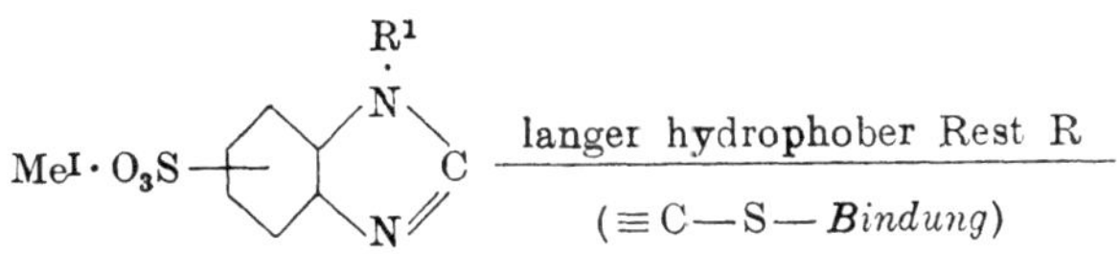

18. Salze[1] *von sulfonierten Alkylenoxydaddukten nach Tabelle* S. 138 u. 147, z. B.:

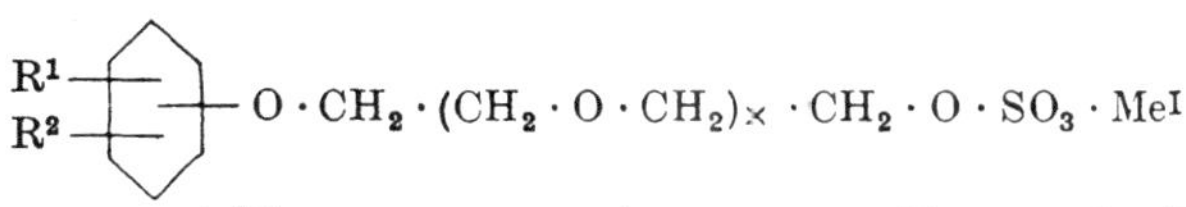

(*Äther* und *Ester:* —O—S-*Bindung*)

19. Salze[1] *von sulfonierten Alkylolamin-Fettsäurekondensaten* (S. 150), z. B.:

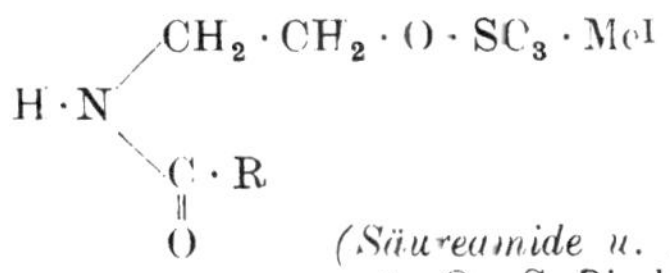

(*Säureamide u. Ester*)
(—O—S-*Bindung*)

---

[1] Metall- oder Ammonium- oder Amin- oder Alkylolaminsalze.

[2] Vgl. Anm. 2 auf S. 154.

[3] Die nach WALDMANN u. CHWALA (DRP 664475) aus aliphatischen Diaminen entstehenden Produkte z. B. aus Äthylendiamin, Äthylendiaminchlorhydrat und Stearinsäure: 2-Heptadecylimidazolinhydrochlorid, gehören in die Gruppe der kationcapillaraktiven Stoffe Ib.

20. Salze[1] *von sulfonierten Polyalkohol-Fettsäurekondensaten* (S. 151), z. B.:

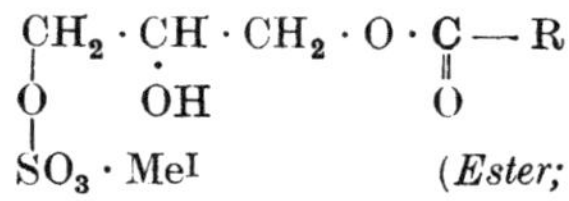

(*Ester;* —O—S-*Bindung*)

Anmerkung: Den Seifen und den Kondensationsprodukten der Fettsäuren können sowohl gesättigte, als auch ungesättigte Fettsäuren zu Grunde liegen. In sulfonierten oder sulfierten Fettsäuren kann die Gruppe —COO · Me^I durch die veresterte oder amidierte Carboxylgruppe ersetzt sein.

Um auch dem auf diesem Gebiet weniger bewanderten Leser die Orientierung zu erleichtern, wollen wir, soweit es erforderlich erscheint, zu einzelnen Gruppen noch einige Erläuterungen geben bzw. jeweils einige typische Vertreter mit ihren Handelsnamen anführen, soweit diese über die ursprüngliche Herstellerbezeichnung hinaus auch zu einem Gattungsbegriff geworden sind:

In die *Gruppe 2* würden z. B. gehören Ester aus Fettsäuren und Oxycarbonsäuren, wie Glykolsäure, Wein-, Citronen-, Salicylsäure usw.

Als typischer Vertreter der *Gruppe 3* sei das ,,Medialan A"genannt.

Die *Gruppe 4* ist bekannt geworden durch das ,,Igepon A".

Der charakteristische Vertreter der *Gruppe 5* ist das ,,Igepon T".

Die *Gruppe 6* umfaßt die nach den Seifen ältesten Textilhilfsmittel: die sulfonierten Türkischrotöle, die ,,Monopolseifen", die ,,Monopolbrillantöle", ,,Prästabitöle," ,,Humectole" usw.

Als typischer Vertreter der *Gruppe 9* seien die ,,Gardinole" genannt.

Neben den auf S. 153 schematisch angegebenen externen und internen Fettalkoholsulfonaten kann bei der Sulfonierung ungesättigter Fettalkohole auch etwas echte Sulfosäure mit ≡C-S-Bindung entstehen. Neben den Fettalkoholen mit gesättigtem Fettalkohol gibt es auch Sulfonate mit ungesättigtem Fettalkohol.

Rein schematisch hätten sich in unserer Klasseneinteilung an die Alkoholsulfonate die Ester der Fettalkohole mit anderen anorganischen und organischen Säuren z. B. der Phosphorsäuren, der Thioschwefelsäure, der Sulfoessigsäure und der Phthalsäure anreihen müssen. Da diese Verbindungen bis jetzt aber kaum größere technische Bedeutung erlangt haben, möchten wir sie hier nur erwähnen. Die Ester der Sulfophthalsäure sind dagegen in der Gruppe 8 besonders aufgeführt worden.

Hier wären auch die Sulfonate von Alkylcyclohexanolen und Alkyloxy-Sulfolanen[2] zu erwähnen.

---

[1] Metall- oder Ammonium- oder Amin- oder Alkylolaminsalze.

[2] Sulfolan (Shell Development Co., A. P. 2451299) ist Cyclotetramethylensulfon:

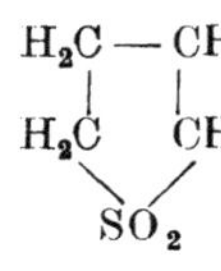

Die ersten Vertreter der *Gruppe 10* waren die „Mersolate". Sie werden gewonnen durch Sulfochlorierung aliphatischer Kohlenwasserstoffe und Verseifung der entstandenen Sulfochloride. Neuerdings gewinnt man sie auch durch Anlagerung von Nitrosylchlorid an Olefine und Austausch des Chlors gegen die -SO_3-Na-Gruppe mittels Natrium-sulfit bzw. -bisulfit. Diese Produkte sind daran erkenntlich, daß sie an den Nachbarkohlenstoffen zu den die Sulfogruppe in ≡C-S-Bindung tragenden C-Atomen noch eine NO-Gruppe besitzen. In diese Gruppe gehören auch die Erdölsulfonate mit ≡C-S-Bindung, die gewöhnlich auch noch alicyclische Anteile enthalten. Der Ring in der schematischen Formel soll andeuten, daß bei der Sulfochlorierung die Sulfochloridgruppe und damit später die Sulfogruppe sich statistisch über die ganze Kettenlänge verteilt.

Die *Gruppe 11* wird repräsentiert durch die sogenannten „Amphoseifen", gewonnen durch Sulfierung von Monoolefinen unter besonderen Bedingungen.

Die ersten Vertreter der *Gruppe 12* waren die „Nekale". In diese Gruppe gehören auch das „Mayamin" (Tetrahydronaphthalinsulfosaures Natrium), manche „Leonile", das „Oktatron" (Oktohydroanthracen-m-sulfosaures Natrium), das „Ludigol" (m-Nitrobenzolsulfosaures Natrium), das Monobenzyl- und das Dibenzylanilin-p-sulfosaure Natrium usw.

Durch Umsatz von Chlorparaffinen mit Aromaten in Gegenwart von Aluminiumchlorid und Sulfierung gewinnt man die sogenannten Phenylmepasinsulfonate, auch „Igepal NA" und in Amerika „Naccanole" genannt.

Als Aromaten kommen hauptsächlich Benzol, Naphthalin, Diphenyl, Diphenyläther, die entsprechenden Sulfone usw. in Betracht.

In diese Gruppe möchten wir auch die durch Kondensation von Fettsäurechloriden mit aromatischen Kohlenwasserstoffen und nachfolgende Sulfierung erhältlichen, fettaromatischen Ketonsulfosäuren bzw. ihre Salze einordnen:

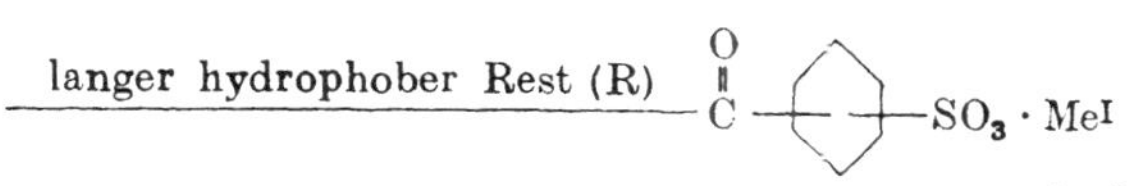

(≡C—S-*Bindung*)

Ein bekannter Vertreter der *Gruppe 16* ist das „Lamepon A".

Gruppe 17 umfaßt die „Ultravone". R[1] ist dabei u. a. auch Benzyl und dann meist auch seinerseits sulfiert.

Hat die Vorprüfung die ausschließliche Anwesenheit von anioncapillaraktiven Substanzen ergeben oder hat man sich, falls Gemische mit anderen störenden Gruppen capillaraktiver Stoffe vorlagen, durch Ausfällung der störenden Stoffe mittels geeigneter kation- oder anionaktiver Farbstoffe[1] eine Lösung hergestellt, die nur noch anioncapillaraktive[2] Stoffe enthält, dann steht man vor der Aufgabe, nun aus der Fülle der nach den S. 151—156 möglichen Verbindungen die tatsächlich vorliegenden zu ermitteln. Es ist klar, daß es unmöglich ist, für alle diese Einzelvertreter besondere, nur ihnen eigene Spezialreaktionen aufzufinden. Darauf kommt es aber auch gar nicht so sehr an, sondern es genügt in den meisten Fällen schon die Feststellung, welche der 20 Verb.-Gruppen der Klasse III vorliegen. Es gelang uns aber auch Reaktionen auszuarbeiten, die darüber hinaus doch noch eine weitere Einengung auf einzelne ihrer Vertreter gestatten.

Zunächst geben die Triglykol-Magnesia-Alkali- und die Schwefel-, Phosphor-, Chlor-Probe die Möglichkeit, die 20 Verbindungen in folgende 4 Gruppen aufzuteilen:

I. Verbindungen, die weder Schwefel noch Stickstoff enthalten	II. Verbindungen, die nur Stickstoff aber keinen Schwefel enthalt.	III. Verbindungen, die nur Schwefel aber keinen Stickstoff enthalten	IV. Verbindungen, die Schwefel und Stickstoff enthalten
	Verbindungen Nr.:		
1	3	4	5
2	16	6	6 (nur wenn amidiert)
7	Gallenseife	8	
		9	13
		10	14
		11	17
		12	19.
		15	
		18	
		20	

Liegen Ammonium-, Amin- oder Alkylolaminsalze vor,[3] dann fällt die Triglykol-Magnesia-Alkali-Probe auf jeden Fall positiv aus, auch wenn das capillaraktive Anion keinen Stickstoff enthält. Es bleiben dann nur noch 2 Gruppen: Gruppe II (die I) und Gruppe IV (die III) mit umfassen. Man kann sich nun entweder damit begnügen, (in sehr vielen Fällen werden die später beschriebenen Reaktionen doch Aufklärung über den Aufbau der Verbindung geben), oder aber man zerlegt die wässerige Lösung des Methanolauszuges[4] der ursprünglichen Probe im Scheidetrichter mit überschüssiger Schwefelsäure, nimmt die ausgeschiedenen

[1] Oder anderer Reagentien z. B. Heteropolysäuren usw.

[2] Man kann auch mit anionfällenden Reagentien z. B. mit löslichen Tonerden die anioncapillaraktiven Stoffe entfernen und die kationcapillaraktiven in Lösung behalten.

[3] Ob nur solche und keine Alkalisalze vorliegen, ergibt die Alkaliprobe.

[4] Bei seiner Herstellung (S. 108) ist es in den meisten Fällen vorteilhaft, dabei gleich das Unverseifbare durch Ausschütteln mit Petroläther zu entfernen.

anioncapillaraktiven Säuren in Äther oder manchmal besser in Amylalkohol auf, neutralisiert mit methanolischer Natronlauge, verdampft zur Trockne und trocknet bei 130° C. Man hätte bei dieser Gelegenheit den Methanolextrakt auch von etwa vorhandenem Harnstoff befreit. (Es ist wichtig, die verwendeten Lösungsmittel: Äther, Amylalkohol und Methanol restlos zu entfernen, weil sie die später beschriebene Kaliumpermanganatprobe stören würden.) Dann liegen zur weiteren Untersuchung die Alkalisalze vor und man hat damit wieder die Möglichkeit der Unterteilung in die Gruppen I—IV:

I.

Nach der Vorprüfung kommen nur die Verbindungen der Gruppe 1 *(Seifen), 2 (Salze von Fettsäurekondensationsprodukten mit Oxyalkylcarbonsäuren) und 7 (Salze von aromatischen Monocarbonsäuren)* in Frage.

Die Essigsäureprobe fällt nur bei den Seifen positiv aus. Daneben können natürlich noch Verbindungen nach 2 und 7 vorhanden sein. Die gleichzeitige Anwesenheit von Verbindungen der Gruppe 2 würde durch die Verseifbarkeitsprobe einwandfrei erkannt. Sind nur Verbindungen nach 7 vorhanden, so läßt die Jodprobe 4 dies ohne weiteres erkennen. 7 neben 1 und 2 wird durch die Äthylglykol-Alkalischmelz- und Kupplungsprobe nachgewiesen. Das Vorliegen ungesättigter Fettsäuren oder Oxyfettsäuren wird in Abwesenheit von Verbindungen der Gruppe 7 durch die Kaliumpermanganatprobe 2 erkannt. Die Anwesenheit von Gallenseife weist man durch die Reaktionen von LIEBERMANN und BURCHARD[1] (Chloroform, Essigsäureanhydrid und Schwefelsäure), SALKOWSKI[1] (Chloroform und Schwefelsäure), PETTENKOFER[2] (Schwefelsäure und Zucker) oder die Furfurol-Schwefelsäure-Prüfung nach. Kolophonium- und Abietinseifen werden nach STORCH-MORAWSKI[2] oder nach HALPHEN-GRIMALDI[2] nachgewiesen. Zu den Prüfungen können die methanolischen Lösungen des Methanolextraktes verwendet werden. Naphthensäureseifen ergeben bei der PETTENKOFERschen Prüfung nur eine sepiabraune Färbung, so daß sie den Nachweis von Gallenseifen nicht stören. Nur Kolophoniumseifen geben mit Bromwasser einen dicken gelblichen Niederschlag.

II.

Nach der Vorprüfung kommen nur die Verbindungen von *3 (Salze von Fettsäurekondensationsprodukten mit Aminoalkylcarbonsäuren) und 16 (Salze von Fettsäure-Eiweißkondensationsprodukten)* in Frage.

Falls die zu untersuchende Probe nur aus Gallenseife besteht, würde sie wegen des bei ihr positiven Ausfalles der Triglykol-Magnesia-Alkali-

[1] Mercks Reagenzien-Verzeichnis (1933).
[2] Chem. Zbl. I, 202 (1903); I, 175 (1908).

Probe in diese Gruppe eingereiht werden. Man muß deshalb auch in dieser Gruppe die in I angeführten Proben auf die Anwesenheit von Gallenseife durchführen. Sowohl die Verbindungen der Gruppe 3, als auch der Gruppe 16 ergeben bei der Verseifbarkeitsprobe stark positive Reaktion. Sie unterscheiden sich dadurch, daß nur die Fettsäure-Eiweißkondensationsprodukte eine positive Biuretreaktion geben: Zu der gelösten oder fein gepulverten Substanz fügt man überschüssige Natronlauge und darauf *tropfenweise sehr verdünnte* Kupfersulfatlösung und schüttelt oder rührt nach jedesmaligem Zusatz von Kupfersulfat um. Zuerst auftretende Rosafärbung, die später in Violett und schließlich in Blauviolett übergeht, zeigt den positiven Ausfall der Reaktion an. Ebenso wird die Nitrazol CFK-Probe von den Eiweißkondensationsprodukten positiv gegeben. (Auch die „Medialane" geben einen Niederschlag. Dieser ist aber nicht stark rot bis rotbraun gefärbt, wie bei den Eiweißkondensationsprodukten). Durch diese zwei Reaktionen wird zwar erkannt, daß Eiweißkondensationsprodukte vorhanden sind. Will man aber noch feststellen, ob daneben auch medialanartige Verbindungen vorhanden sind, so muß man die Jodprobe 3 zu Hilfe nehmen, bei der nur die letzteren positive Reaktion, d. h. starke Trübung hervorrufen[1].

III.

Nach der Vorprüfung kommen nur die Verbindungen von *4 (Salze von Fettsäurekondensationsprodukten mit Oxyalkylsulfosäuren), 6 (Salze von sulfonierten Ölen), 8 (Salze von Estern von Sulfodicarbonsäuren), 9 (Fettalkoholsulfonate), 10 (Salze von Alkylsulfosäuren), 11 (Salze von Oxyfettalkylsulfosäuren), 12 (Salze von Alkyl-Arylsulfosäuren), 15 (Salze von Fettsulfosäuren), 18 (Salze von sulfonierten Alkylenoxydaddukten) und 20 (Salze von sulfonierten Polyalkohol-Fettsäurekondensaten)* in Frage.

Nur die sulfonierten Äthylenoxydaddukte geben positive Reaktion nach der Heteropolysäureprobe 2. Sie werden daran neben allen anderen Verbindungen von Klasse III erkannt. Bei der Verseifbarkeitsprobe in Äthylglykol als Lösungsmittel, reagieren nur die Verbindungen der Gruppen 4, 6, 8 und 20 positiv. Mit Triglykol als Lösungsmittel reagieren dagegen auch noch die Verbindungen der Gruppen 9 und 11 positiv. Man kann daher nach dem Ausfall der Verseifbarkeitsprobe folgende Unterteilung vornehmen:

	A	B	C
Klassen:	4	9	10
	6	11	12
	8		15
	20		18

[1] Die Magnesiumsulfatprobe ist bei Eiweißkondensationsprodukten negativ, bei medialanartigen Produkten positiv.

Wir untersuchen zunächst die qualitativen analytischen Reaktionen der *Gruppe A*:

Die Anwesenheit von Sulfodicarbonsäureestern, als welche zur Zeit praktisch nur Sulfobernsteinsäure- und Sulfophthalsäureester in Frage kommen, erkennt man durch die Salicylaldehydprobe, ergänzt durch die Resorcinprobe. Während alle anderen in A noch möglichen Verbindungen bei der Salicylaldehydprobe braune bis braunrote, *trübe* Reaktionsgemische ergeben, erhält man bei Sulfobernsteinsäureestern eine grüne (dichroitisch-violette), *klare* Lösung, bei Sulfophthalsäureestern eine rote, *klare* Lösung. Beide zeigen nach dem Verdünnen mit etwa 200 ml Wasser und Übersättigen mit Ammoniak unter der Ultra-Analysenlampe eine schöne grüne Fluorescenz. Noch besser lassen sich beide unterscheiden durch die Resorcinprobe. Dabei entsteht bei den Sulfobernsteinsäureestern eine *rosa*, bei den Sulfophthalsäureestern eine *violett*rosa Lösung, die unter der Ultra-Analysenlampe bei ersterer gelblichgrau, bei letzterer blauviolett fluoresciert. Verdünnt man mit etwa 200 ml Wasser und übersättigt man mit Ammoniak, so sind die entsprechenden Fluorescenzfarben grau und rein himmelblau. Erhält man bei der Salicylaldehydprobe zwar die charakteristische Fluorescenz der Sulfodicarbonsäureester, aber trübe Lösung, so zeigt das die gleichzeitige Anwesenheit von Verbindungen der Gruppen 4, 6 und 20 an. Sulfodicarbonsäureester ergeben bei der Jodprobe 4 eine blaue, die übrigen Verbindungen von A eine weinrote bis rotviolette Farbe. Allen gemeinsam ist, daß man aus dem Rückstand der Verseifbarkeitsprobe nach dem Ansäuern mit Salzsäure durch Äther Fettsäuren bzw. Oxyfettsäuren isolieren und nach der Fettsäureprobe nachweisen kann. In der ausgeätherten, wässerigen, salzsauren Lösung läßt sich bei Verbindungen der Gruppen 4 und 8 SO_4''-Ion nicht, bei den Verbindungen der Gruppen 6 und 20 dagegen nachweisen. Bei den Verbindungen der Gruppen 6 und 20 fällt die WAGENAARsche Prüfung auf Alkohole mit Hydroxylgruppen an unmittelbar benachbarten C-Atomen positiv aus, soweit Glycerin oder andere Polyalkohole mit benachbarten OH-Gruppen vorhanden sind. Die Kaliumpermanganatprobe 2 zur Unterscheidung, ob gesättigte oder ungesättigte Fettsäuren vorliegen, führt man in Gruppe A am besten mit den nach der Verseifbarkeitsprobe ausgeätherten und vom Äther restlos befreiten freien Fettsäuren durch. Die Magnesiumsulfatprobe fällt in dieser Gruppe nur bei den hochsulfonierten negativ, die Essigsäureprobe nur bei den niedrigsulfonierten Ölen positiv aus.

Die *Gruppe B* umfaßt die Fettalkoholsulfonate und die Salze von Oxyalkylsulfosäuren. Über die Länge des Fettrestes orientiert die Jodprobe 4. Je mehr weinrot die Reaktion ausfällt, desto länger, je mehr rotviolett bis violettblau, desto kürzer die Ketten. Die Kaliumpermanganatprobe 2 zeigt bei den Fettalkoholsulfonaten, ob ungesättigte oder gesättigte

Alkohole vorliegen. Bei den Oxyalkylsulfosäuren ist die Anwesenheit von ungesättigten Verbindungen unwahrscheinlich. Will man trotzdem darauf prüfen, kann man dies durch den Jodverbrauch bei der Jodprobe 4 tun. Daß die Kaliumpermanganatprobe 2 bei den Oxyalkylsulfosäuren sehr rasch in grün umschlägt, unterscheidet diese von den Alkoholsulfonaten mit gesättigten Alkoholen. Die Fettalkoholsulfonate heben sich weiter von den Salzen von Oxyfettsulfosäuren dadurch ab, daß nur bei den ersteren beim Kochen der wässerigen 1%igen Lösung mit dem gleichen Volumen Schwefelsäure 1:3 Fettalkohole abgespalten werden, während die letzteren als echte C-Sulfosäuren dabei nicht gespalten werden. Die Abscheidung von Fettalkoholen erkennt man schon bei kleinen Mengen sehr schön durch die „Fluorol 5G"-Probe[1]. Äthert man nach der sauren Verkochung aus, so ist nur im Sauerwasser der Fettalkoholsulfonate SO_4''-Ion nachweisbar, nicht dagegen im Sauerwasser der Oxyfettsulfosäuren.

In der *Gruppe C* kommen Salze von Alkylsulfosäuren (Mersolate), Salze von Alkylarylsulfonaten (Nekale und Phenylmepasinsulfonate), Salze von Fettsulfosäuren und Salze von sulfonierten Alkylenoxydaddukten in Frage. Letztere werden neben allen anderen Verbindungen dieser Gruppe durch den positiven Ausfall der Heteropolysäureprobe 2 erkannt. Bei Jodprobe 4 ergeben die Mersolate[2] und die Phenylmepasinsulfonate eine violette, die nekalähnlichen Produkte eine rein blaue, die Salze von Fettsulfosäuren eine weinrote Färbung. Die Anwesenheit von Alkylarylsulfonaten wird durch die Äthylglykol-Alkalischmelz- und Kupplungsprobe, sowie die Nitrier- und die Nitrazol CFK-Probe nachgewiesen. Bei der Kaliumpermanganatprobe 2 sind die Mersolate und die Salze von Fettsulfosäuren mit gesättigtem Fettrest stundenlang, meist sogar über Nacht, beständig, während die Nekale und Phenylmepasinsulfonate verhältnismäßig rasch über blau nach grün umschlagen.

Über weitere Unterschiede der hierher gehörenden Verbindungen unterrichtet nachfolgende Tabelle:

Substanz	Natronwasserglas-Lösung konz.	Mohrsches Salz 5% ig	Ammoniumchlorid-Lösung 30% ig	Magnesiumsulfat-Lösung 2% ig
Mersolate	—	—	—	—
Nekale	+	+	—	+
Phenylmepasinsulfonate	—	—	—	—
Fettsulfosäuren	+	+	+	+

Man versetzt die wässerige 1%ige Lösung der Methanolextrakte der zu untersuchenden Substanz tropfenweise mit den Reagenzien. Die bei den ersten Tropfen Reagenszugabe beim Schütteln auftretende Fällung

[1] Fluorol 5 G: BASF, Ludwigshafen a. Rh.

[2] Enthalten sie überwiegend Di- und höhere Sulfonate, ergeben sie blaue Färbung.

bedeutet positive Reaktion. Bei Prüfung mit Magnesiumsulfat gibt Phenylmepasinsulfonat mit einem sehr großen Überschuß an Reagens allmählich auch eine Fällung. Eine weitere Unterscheidung, welche Substanzen vorliegen, lassen die Salicylaldehydprobe, die Schwefelsäure- und die Salpetersäureprobe zu. Durch geeignete Kombinationen der Methoden und das Arbeiten mit Typlösungen, ist es auch möglich, die schwierige Aufgabe des Nachweises von Mersolaten neben Nekalen und Phenylmepasinsulfonaten zu lösen. Ergibt z. B. die Probe mit Ammoniumchlorid, daß Fettsulfosäuren nicht anwesend sind, so beweist schon eine sehr lange, auf violett bzw. blauviolett stehenbleibende Kaliumpermanganatprobe 2, die Anwesenheit von Mersolat. Ist dagegen Fettsulfosäure vorhanden, so filtriert oder zentrifugiert man vom Ammoniumchloridniederschlag ab. In einer Lösung, die aber nur Mersolate und Nekal und (oder) Phenylmepasinsulfonate enthält, läßt sich die Anwesenheit von Mersolaten mit Hilfe der Schwefelsäure-Salpetersäure-Probe[1] unter der Ultra-Analysenlampe, wenn es sich nicht nur um verschwindend kleine Mengen handelt, nachweisen. Am sichersten gelingt der Nachweis jedoch auf Grund der Tatsache, daß bei der Alkalischmelze die Mersolate unangegriffen bleiben. Man setzt die Triglykol-Alkalischmelz- und Kupplungsprobe an, spült die Schmelze mit möglichst wenig Wasser in einen kleinen Scheidetrichter, stellt auf p_H 5 (das Volumen soll nunmehr etwa 10 ml betragen), fügt 5 ml gesättigter Natriumbicarbonatlösung zu und schüttelt 2mal mit je 15 ml Äther kräftig durch. Die zurückbleibende wässerige Schicht wird durch Einstellen in ein siedendes Wasserbad vom Äther befreit, abgekühlt und z. B. mit Solidogen geprüft. Nur bei Anwesenheit von Mersolat entsteht bei tropfenweiser Zugabe des Reagenses ein Niederschlag.

IV.

Nach der Vorprüfung kommen nur die Verbindungen von *5 (Salze von Fettsäurekondensationsprodukten mit Aminoalkylsulfosäuren), 13 (Salze von Kondensationsprodukten von Fettsäureamiden mit Oxyalkylsulfosäuren), 14 (Salze von Kondensationsprodukten aus Eiweißabbauprodukten oder Aminocarbonsäuren und Alkylsulfochloriden), 17 (Salze von sulfierten Kondensationsprodukten aus Fettsäuren und aromatischen o-Diaminen) und 19 (Salze von sulfonierten Alkylolamin-Fettsäurekondensaten)* in Frage.

Allen Verbindungen dieser Gruppe ist gemeinsam, daß sie bei der Verseifbarkeitsprobe entweder in äthylglykolischer oder triglykolischer Lösung positive Reaktion geben. Die Gruppe 5 und die Gruppe 13 unterscheiden sich dadurch, daß die erstere bei der Triglykol-Magnesia-Alkali-Probe erst auf Zusatz von Alkali positiv wird, während sie bei der Gruppe 13 schon mit Magnesia vollständig positiv ausfällt. Die Alkylolaminfett-

[1] und der Schwefelsäureprobe.

säurekondensationsprodukte werden durch die Nitrazol CFK-Probe erkannt und die Produkte der Gruppe 17 durch den positiven Ausfall der Äthylglykol-Alkalischmelz- und Kupplungsprobe sowie der Nitrierprobe. In den ausgeätherten Rückständen der Verseifbarkeitsprobe ist bei der Gruppe 5, 14 und 17 kein SO_4''-Ion, bei der Gruppe 13 und 19 dagegen solches nachweisbar. Die Verbindungen der Gruppe 14 ergeben positive Biuretreaktion, falls es sich um Eiweißabbauprodukte handelt. Damit hat man auch in dieser relativ komplizierten Gruppe verhältnismäßig rasch eine Entscheidungsmöglichkeit welcher Typ vorliegt.

Zusammenfassung.

1. Nach einer systematischen Übersicht über die bis heute bekannt gewordenen Typen von capillaraktiven Textilhilfsmitteln, wird an Stelle der bisher üblichen Einteilung:

Kationcapillaraktiv = Nichtionogen = Anioncapillaraktiv

auf Grund von eigenen Untersuchungsergebnissen die folgende Neueinteilung vorgeschlagen:

I. Kationcapillaraktive Verbindungen.

a) Ternäre und quarternäre Verbindungen (des Sauerstoffs, des Schwefels, des Stickstoffs und des Phosphors).

b) Verbindungen mit meist mehreren dreiwertigen Stickstoffatomen (in Lösung als nicht-quaternäre [Poly]-Ammoniumverbindungen vorliegend).

c) Polyalkylenoxydaddukte (in wässeriger Lösung als kationcapillaraktive Polyoxoniumverbindungen vorliegend)[1].

II. Nichtionogene Verbindungen.

Fettsäure-Alkylolamin- bzw. Polyalkoholkondensate.

III. Anioncapillaraktive Verbindungen.

2. Acht einfache, neu ausgearbeitete Reagensglasproben ergeben ohne weiteres die Zugehörigkeit einer unbekannten Substanz zu einer der neu vorgeschlagenen Klassen bzw. Untergruppen. Auch Gemische aus verschiedenen Klassen werden erkannt.

3. Es wurde weiter eine Anzahl einfacher qualitativer Reaktionen ausgearbeitet, um die verschiedenen Verbindungstypen dieser Klassen zu identifizieren.

4. Für Polyäthylenglykole wurde eine Reihe neuer Nachweisreaktionen ausgearbeitet.

---

[1] Es sind selbstverständlich auch Kombinationen zwischen Ia, Ib und Ic möglich, z. B. indem Verbindungen nach Ia noch oxäthyliert oder polyimiert oder Verbindungen nach Ib noch quarternär gemacht sind. Vgl. S. 135 u. 136.

5. Die reaktionschemischen Zusammenhänge zwischen den sauren und den basischen Farbstoffen einerseits und den capillaraktiven Substanzen andererseits werden eingehend dargestellt und gezeigt, daß man sich der Farbstoffe bei der Trennung von capillaraktiven Substanzen mit Erfolg bedienen kann.

6. Es wurde der Nachweis erbracht, daß die bisher bekannten und die neu ausgearbeiteten Reaktionen für die Polyglykole und die Polyäthylenoxydaddukte auf deren Übergang in Polyoxoniumverbindungen beruhen, und auf dieser Basis neue Reaktionen und Nachweisreaktionen gefunden und beschrieben.

7. Auch die Cellulosepolymethyläther und die Polyvinylmethyläther bilden solche Polyoxoniumverbindungen und geben daher ebenfalls die Reaktionen der Gruppe Ic, während Polyvinylpyrrolidon (Periston) Polyammoniumverbindungen zu liefern und damit nach Ib zu reagieren vermag.

8. Die neu eingeführte Bezeichnung Oxonierungsgrad gibt an, welcher Prozentsatz der vorhandenen Äthersauerstoffe oxoniert ist.

9. Es konnte gezeigt werden, daß anioncapillaraktive Verbindungen in Gegenwart von Polyäthylenoxydaddukten oder Polyglykolen sich wie kationcapillaraktive Verbindungen verhalten.

10. Eine bisher nicht bekannte, beständige, praktisch Wasser unlösliche Polyäthylenglykol-Kalium-Jod-Verbindung wurde hergestellt, die 72,5% Jod enthält.

11. Es wurde eine Methode ausgearbeitet, die gestattet, Verseifungen mit direkter Indikation durchzuführen.

Anhang:

Prüfung Nr. 1

Äthylglykol-Alkalischmelz- und Kupplungsprobe.

Die Prüfung dient zum Nachweis von aromatischen Kernen und wurde von uns positiv gefunden bei allen kurz oder lang alkylierten oder aralkylierten Naphthalinsulfosäuren, ebenso bei den entsprechenden Benzolderivaten, den oxäthylierten Alkylphenolen und Alkylnaphtholen, bei kolophoniumhaltigen Produkten und schließlich bei Eulan NKFW. Bei allen anderen Produkten, auch bei Dekol, haben wir negative Reaktion erhalten.

1. Reagenzien:

a) Äthylglykol ($OH \cdot CH_2 \cdot CH_2 \cdot O \cdot C_2H_5$) gereinigt.

Reinigung: Man gibt zu einem Liter der Mittelfraktion eines technischen Äthylglykols, die sich in einem Rundkolben mit aufgesetztem Rückflußkühler befindet, etwa 10—12 g metallisches Natrium und kocht etwa 3 Std. Dann wird abdestilliert. Man prüft eine kleine Menge des übergehenden Destillats rechtzeitig mit einem kleinen Stückchen metallischem Natrium, ob es farblos bleibt. Tritt noch Braunfärbung ein, so muß vor weiterer Destillation erneut unter Zusatz von metallischem Natrium am Rückflußkühler gekocht werden. Nur ein Äthylglykol, das beim Erhitzen mit festem Ätzkali farblos bleibt, ist brauchbar.

b) Festes Kaliumhydroxyd, am besten in Plätzchenform. (Man stellt fest, wieviel Plätzchen auf 1 g gehen.)

c) Salzsäure 1 : 1.

d) Natronlauge 10%ig.

e) Gesättigte Magnesiumoxydlösung.

f) Festes Magnesiumoxyd.

g) 2%ige filtrierte wässerige Lösung von „Echtrotsalz AL“ [1]. (Die Lösung hält sich etwa 1 Std brauchbar.)

h) Diäthyläther.

2. *Ausführung der Probe:* Man gibt etwa 3 ml der methanolischen Lösung des Methanolextraktes in ein Reagensglas von etwa 35—40 ml Inhalt (etwa 17—18 mm Durchmesser), fügt 4 ml Äthylglykol und soviel Plätzchen Ätzkali zu, wie einem Gramm entsprechen. Nun dampft man durch Kochen über einem Bunsenbrenner vorsichtig das Methanol innerhalb etwa 3—3½ min ab (Kontrolle mit der Uhr). Die entweichenden Methanoldämpfe zündet man an, so daß am oberen Ende des Reagensglases stets eine kleine Flamme des Methanols brennt. Man achtet schon während des Abdampfens des Methanols streng darauf, daß man das Reagensglas nicht in der Flamme, sondern nur über der Flamme erhitzt. Besonders bei der weiteren Schmelze ist darauf zu achten, daß höchstens nur gerade die äußerste Spitze der kleinen Flamme den Boden des Reagensglases berührt, so daß jede Überhitzung des Reagensglasinhaltes über den Siedepunkt des Äthylglykols hinaus mit Sicherheit vermieden wird. Durch das Gelbwerden der Methanolflamme nach etwa 3½ min erkennt man, daß Äthylglykol schon mit abdestilliert. Man reguliert nunmehr die Verkochung so, daß in etwa 1½—2 min ungefähr 3 ml Äthylglykol abdestilliert sind. In dem Reagensglas befinden sich dann noch etwa 1 ml Äthylglykol und 1 g festes Kaliumhydroxyd, die zusammen in erhitztem Zustand ungefähr ein Volumen von 2 ml ausmachen. Man muß sich auf den richtigen Augenblick des Abbruchs der Schmelze etwas einarbeiten. Dampft man das Äthylglykol zu weit ab, so daß die Schmelze, wenn auch nur leicht, gekrakt wird, so geben unter Umständen auch Substanzen positive Reaktion, die keine aromatischen Kerne enthalten. Bricht man aber das Abdestillieren des Äthylglykols zu bald ab, so läuft man andererseits Gefahr, zu wenig Phenole und Naphthole gebildet zu haben. Man weiß aber nach einigen Vorversuchen sehr rasch, wie man die Schmelze einwandfrei durchführt.

Nach Beendigung der Schmelze läßt man das Reagensglas einen Augenblick abkühlen, spritzt mittels der Spritzflasche etwa 5—6 ml Wasser hinein, wobei die Schmelze sich spielend löst und schüttet die Lösung in ein großes Reagensglas von etwa 60—65 ml Inhalt (Durchmesser etwa 22—24 mm). Das Schmelzreagensglas wird noch mit weiteren 4 ml destilliertem Wasser nachgespült und dieses Spülwasser ebenfalls in das weite Reagensglas gegeben. Nun neutralisiert man mit Salzsäure 1 : 1, so daß die Lösung gerade deutlich mineralsauer ist. Man probiert am besten einmal vorher aus, welche Menge Salzsäure 1 : 1 dem einen Gramm KOH entspricht, so daß man von vornherein die entsprechende Menge Salzsäure zugeben kann und dann nur noch die Operationen der Sauerstellung und der späteren Neutralisation tropfenweise vornehmen muß. Einen ziemlich sicheren Hinweis auf die Anwesenheit von aromatischen Kernen erhält man dadurch, daß in diesem Falle die angesäuerte Lösung besonders beim leichten Anwärmen stark nach schwefliger Säure riecht. Man kocht dann die Lösung kurz auf, um die schweflige Säure zu vertreiben und kühlt durch Einstellen in Eiswasser wieder auf Zimmertemperatur ab. Nun fügt man tropfenweise 10%ige Natronlauge zu, bis die Lösung gegen Universal-Indikator-Papier „Merck“ getüpfelt eben einen p_H-Wert von 7—7,5 aufweist. Dann setzt

[1] Naphtolchemie Offenbach.

man 20 ml gesättigtes Magnesiumoxydwasser und etwa 0,3 g festes Magnesiumoxyd zu und schüttelt etwa 1 min gut durch. Fügt man nun zu der Lösung 10 ml Echtrot AL-Salzlösung und schüttelt wiederum 1 min kräftig durch, so entsteht eine sehr starke Azofarbstoffbildung, wenn die Probe aromatische Kerne enthalten hat (+). Die Farbe ist bei Naphthalinderivaten blutrot, bei Benzolderivaten mehr braunrot und bei kolophoniumhaltigen Produkten himbeerrot. Man muß sich diese Farben einmal ansehen und sich ihre ganz charakteristischen Unterschiede einprägen. Im Notfall kann man auch gegen Typs arbeiten. Hat die untersuchte Probe keinen aromatischen Kern enthalten, so tritt keinerlei Farbstoffbildung ein. Eine ganz schwache Gelblichfärbung bedeutet keine positive Reaktion. Der Benzylrest im Zephirol wird durch diese Probe nicht erfaßt.

Sind Verbindungen mit aromatischen Kernen nur in sehr kleiner Menge vorhanden — etwa als zufällige oder absichtliche Beimengung in anderen Verbindungen — so kann es sein, daß man sich vielleicht einmal nicht ganz im klaren ist, ob die Reaktion positiv oder negativ ist. In einem solchen Falle fügt man etwa 20 ml Äther zum Reaktionsgemisch, schüttelt kräftig durch und läßt absitzen. Bleibt der Äther farblos, oder wird er nur ganz schwach gelblich angefärbt, ist die Reaktion negativ, zeigt er aber eine rötliche Färbung, so ist die Reaktion positiv.

Farbbildung, die erst nach längerer Zeit einsetzt, wird nicht mehr gewertet. Man beurteilt spätestens 5 min nach dem Zusatz von Echtrot AL-Salz.

Bei negativem oder schwachem Ausfall der Kupplungsprobe ist es manchmal zweckmäßig, die Prüfung noch einmal durchzuführen, aber eine andere Diazokomponente zu verwenden. Man setzt dann nach Neutralstellung der Schmelzlösung an Stelle von Magnesiumoxyd und Magnesiumoxydwasser 10 ml gesättigte Natriumbicarbonatlösung und 10 ml einer 2%igen filtrierten Lösung von Nitrazol CFK[1] zu. Die Farbstoffbildung wird (eventuell gegen einen Blindversuch) festgestellt.

Prüfung Nr. 2

Alkaliprobe.

Die Probe dient zur Feststellung, ob die zu untersuchende Substanz Alkalisalze enthält. Sie erübrigt sich daher bei stickstoff-freien anioncapillaraktiven Substanzen, da diese bei neutraler Reaktion und guter Wasserlöslichkeit nur als Alkalisalze vorliegen können. Dagegen ist die Probe von Wichtigkeit zur Feststellung, ob neben Ammonium-, Amin- oder Alkylolaminsalzen noch Alkalisalze vorhanden sind.

1. Reagenzien:

a) ein starker, etwa 12 cm langer Platindraht in einem Glasstab eingeschmolzen.

b) Asche -und alkalifreie Rundfilter (Durchmesser 90 mm).

c) Alkoholische Phenolphthaleinlösung.

2. Ausführung der Probe: Man legt das Rundfilter 5mal zusammen und umwickelt es, Spitze nach oben (mit der Breitseite zum freien Ende des Platindrahts), 2- oder 3mal locker mit dem Platindraht. Nun taucht man das Filtrierpapier in die methanolische Lösung der zu untersuchenden Substanz. Ist das Papier vollgesaugt, zündet man es an und läßt es, die Spitze nach unten gehalten, abbrennen, bis vollständige Verkohlung eingetreten ist. Dann wird noch einige Augenblicke in der reduzierenden Flamme eines Bunsenbrenners durchgeglüht. Vorher hat man in ein Reagensglas etwa 5 ml Wasser und 1—2 Tropfen Phenolphthaleinlösung gegeben. In diese Lösung wird die noch schwach glühende Aschenrolle, die noch Kohlenstoff enthalten muß, mit Hilfe des entsprechend gebogenen Platindrahts eingeführt und kurz hin und her gedreht. Rotfärbung der Lösung zeigt den Gehalt der Probe an Alkali an.

[1] Naphtolchemie Offenbach.

Prüfung Nr. 3

Ammoniumkobaltrhodanidprobe.

Die Probe ist spezifisch (+) für alle Polykalylenimine, kationcapillaraktive Verbindungen und alle Polyalkylenoxydaddukte, unabhängig vom Oxäthylierungsgrad, der Größe des oxäthylierten Restes und von eventueller Sulfonierung[1].

1. Reagenzien: 17,4 g Ammoniumrhodanid und 2,8 g Kobaltnitrat werden zu 100 ml gelöst.

2. Ausführung der Probe: Man versetzt die wässerige Lösung der zu prüfenden Substanz tropfenweise mit dem Reagens. Die Probe wird als positiv bezeichnet (+), wenn dabei nach dem Durchschütteln eine starke himmelblaue Fällung auftritt.

Prüfung Nr. 4

Ammonmolybdatprobe.

Die Reaktion ergibt positiven Ausfall bei Polyalkyleniminen, Polyalkyleniminaddukten (Ib) und allen ternären bzw. quarternären kationcapillaraktiven Verbindungen (Ia). Alle übrigen capillaraktiven Stoffe ergeben negative Reaktion[2].

1. Reagenzien: 5%ige wässerige Lösung von Ammoniummolybdat.

2. Ausführung der Probe: Man versetzt einige ml der zu prüfenden wässerigen Lösung tropfenweise unter Umschütteln mit der Reagenslösung. Das Auftreten einer starken weißen Fällung bedeutet positive Reaktion (+).

Prüfung Nr. 5

Ammoniumrhodanidprobe.

Die Probe ist positiv bei allen ternären und quarternären kationcapillaraktiven Verbindungen und Polyalkyleniminaddukten. Alle anderen capillaraktiven Stoffe ergeben negative Reaktion

1. Reagenzien: 5%ige wässerige Lösung von Ammoniumrhodanid.

2. Ausführung der Probe: Man versetzt einige ml der zu prüfenden wässerigen Lösung tropfenweise unter Umschütteln mit der Reagenslösung. Das Auftreten einer starken weißen Fällung bedeutet positive Reaktion (+).

Prüfung Nr. 6

Anionprobe.

Die Probe ist spezifisch für alle ternären und quarternären kationcapillaraktiven Verbindungen. Alle anderen capillaraktiven Stoffe ergeben negative Reaktion[3].

1. Reagenzien: 1%ige, klar filtrierte wässerige Lösung von anioncapillaraktiven Stoffen, z. B. von Nekal BX, Mersolat usw.

2. Ausführung der Probe: Die wässerige Lösung der zu prüfenden Substanz wird tropfenweise unter Umschütteln mit der Reagenslösung versetzt. Entsteht dabei ein dichter, weißer Niederschlag, so gilt die Reaktion als positiv (+).

---

[1] Polyalkyleniminaddukte bzw. Polyalkyleniminderivate geben ebenfalls positive Reaktion, also alle kationcapillaraktiven Stoffe Ia—c.

[2] Polyglykole und Polyalkylenoxydaddukte (Ic) geben positive Reaktion nur z. B. in Gegenwart von Salzsäure und Bariumchlorid und gegebenenfalls, z. B. bei sulfonierten Produkten nach dem Erwärmen.

[3] Auch Polyalkyleniminaddukte geben positive Reaktion.

Man beobachtet vielfach bei der Ausführung dieser Prüfung, daß sich die an der Einfallstelle bildende Ausscheidung zunächst wieder löst. Man gibt dann weiter Reagens zu, bis der Niederschlag bestehen bleibt, wobei man allerdings beachten muß, daß die Fällung vielfach im Überschuß des Reagenses löslich ist.

An Stelle der oben genannten Reagenzien können natürlich auch die auf Seite 114 u. 116 genannten Reagenzien verwendet werden, die jedoch in manchen Fällen auch auf Polyalkylenoxyd- oder Polyalkyleniminaddukte ansprechen. Man muß also darauf achten, spezifische Reagenzien zu verwenden oder sicher sein, daß keine oxäthylierten Produkte vorhanden sind. Vergleiche im übrigen die Ausführungen bei der Kationprobe.

Anmerkung: Wenn die Untersuchungsprobe aus einer Anion-Kation-Substanz besteht, die aber durch die Zufügung einer größeren Menge anionaktiver Substanz löslich gemacht wurde, so ergeben die obigen Reagenzien negative Reaktion (—), obwohl kationcapillaraktive Verbindungen vorhanden sind. Diese lassen sich dann aber mit anderen Prüfungen auf kationcapillaraktive Substanzen (Ia) trotz des Überschusses der lösenden Anion-Verbindung nachweisen. Vgl. Tabelle S. 114—116.

Prüfung Nr. 7a

Bromprobe 1.

Die Prüfung ist spezifisch für Polyalkylenimine, Polyalkyleniminaddukte und ternäre und quarternäre kationcapillaraktive Verbindungen, auch wenn sie oxäthyliert sind (+). Polyalkylenoxydaddukte und Polyglykole, auch mit höherem Molekulargewicht geben negative Reaktion (—).

1. Reagenzien: In der Kälte mit Brom gesättigtes destilliertes Wasser (in dunkler Flasche aufzubewahren !).

2. Ausführung der Probe: Etwa 2 ml der wäßrigen Lösung der zu prüfenden Substanz werden mit der Reagenslösung versetzt. Die Reaktion ist positiv, wenn sich dabei, manchmal erst nach dem Umschütteln und nach einigen Minuten, eine starke gelbliche Fällung ergibt (+). Meist sind dazu 5—10 ml Reagens, manchmal auch noch mehr erforderlich. Bei negativem Ausfall (—) ist es empfehlenswert die Probe noch einmal unter Verwendung von 1 ml Prüflösung zu wiederholen.

Prüfung Nr. 7b

Bromprobe 2.

Die Reaktion ist positiv bei Polyglykolen vom Mol 282 ab, Polyäthyleniminen, Polyalkyleniminaddukten, ternären und quarternären kationcapillaraktiven Verbindungen (auch oxäthyliert) und Polyalkylenoxydaddukten, unabhängig vom Oxäthylierungsgrad, der Größe des oxäthylierten Restes und von eventueller Sulfonierung (Ia—c).

1. Reagenzien:

a) Etwa 0,1 n Bromlösung mit einem Gehalt von etwa 8 g Brom und 120 g Kaliumbromid im Liter.

b) Ein Gemisch gleicher Teile Salzsäure 1 : 4 und 10%iger Bariumchloridlösung.

c) 75 Teile Reagens a) werden mit 25 Teilen Reagens b) gemischt.

2. Ausführung der Probe: Etwa 2 ml der wässerigen Lösung der zu prüfenden Substanz werden langsam mit der Reagenslösung c) versetzt. Bei positivem Ausfall (+) entsteht eine dicke, gelbliche Ausscheidung. Bei negativer Reaktion (—) führt auch ein größerer Überschuß des Reagenses nicht zu positivem Ausfall.

Anmerkungen:

1. Soweit anioncapillaraktive Stoffe, wie z. B. Seifen durch Säuren zerlegt werden, geben sie mit sauren Reagenzien natürlich positive Reaktion.

2. Vor Ausführung der Probe muß man sich daher überzeugen, ob die zu untersuchende Lösung etwa schon mit dem Reagens b) allein einen Niederschlag ergibt. Ist dies der Fall, sorgt man für einen Überschuß des Reagenses, filtriert und prüft im Filtrat weiter mit Reagens c.

Prüfung Nr. 8a

Erwärmungsprobe 1.

Die Prüfung ist bei positivem Ausfall spezifisch für unsulfonierte Polyalkylenoxydaddukte bis zu etwa 10 Äthersauerstoffatomen im Molekül[1].

1. Reagenzien: keine.

2. Ausführung der Probe: Einige ml der wässerigen Lösung der Substanz werden in einem Reagensglas von etwa 30—35 ml Inhalt (Durchmesser etwa 12—13 mm) über kleiner Flamme langsam erwärmt. Die Reaktion ist positiv (+), wenn man folgende Erscheinungen beobachtet: Vom erwärmten Boden des Reagensglases her trübt sich die Lösung, bis sie beim Sieden völlig trüb wird. Kühlt man sie ab, kehrt die ursprüngliche Klarheit wieder. Der Versuch kann beliebig oft wiederholt werden. Eventuell nicht erwärmte Probe daneben ansetzen!

Der positive Ausfall der Reaktion (+) bedeutet die Anwesenheit von nichtsulfonierten Äthylenoxydanlagerungsprodukten mit max. etwa 10 Äthylenoxydmolekülen. Die auftretende Trübung ist desto stärker, je länger oder im Molekül größer der oxäthylierte Rest ist. Bei sehr langen und sehr großen oxäthylierten Resten kann die Reaktion auch noch positiv werden, wenn etwas mehr als 10 Äthylenoxydmoleküle angelagert sind, während sie bei kurzen und kleinen oxäthylierten Resten auch schon bei niedrigerer Oxäthylierung ausbleiben kann. Sie bleibt aus, wenn die Oxäthylierungsprodukte sulfoniert oder ternär bezw. quarternär-kationcapillaraktiv sind. Nicht oxäthylierte Produkte geben diese Reaktion nicht.[1]

Prüfung Nr. 8b

Erwärmungsprobe 2.

Die Prüfung ist bei positivem Ausfall spezifisch für alle Polyalkylenoxyd- und Polyalkyleniminaddukte, unabhängig vom Oxäthylierungs- bzw. Polyimierungsgrad und der Länge des oxäthylierten bzw. polyimierten Restes, soweit sie nicht sulfoniert sind. Am Zentralatom oxäthylierte kationaktive Verbindungen (Ia) geben negative Reaktion.

1. Reagenzien: 10%ige wäßrige Lösungen von Salzen z. B. Bariumchlorid, Ammoniumbromid, Ammoniumjodid, Calciumchlorid, Natriumchlorid, Ammoniumchlorid, Calciumacetat usw.

2. Ausführung der Probe: Einige ml der wäßrigen Lösung des Methanolextraktes werden mit etwa ein Drittel bis ein Halb ihres Volumens mit einer der Salzlösungen versetzt. Bleiben sie dabei bei Zimmertemperatur klar, so wird das Reaktionsgemisch wie bei Erwärmungsprobe 1 behandelt und beurteilt. Entsteht nach Zugabe der Salzlösung ein Niederschlag, so kann dies von der Anwesenheit kation(Ia)- bzw. anioncapillaraktiver Verbindungen herrühren. Man hat dann zwei Möglichkeiten zum weiteren Vorgehen:

a) Man versetzt so lange mit der Salzlösung, als noch eine Zunahme der Fällung festzustellen bzw. bis ein Überschuß des Reagenses vorhanden ist, filtriert und prüft das klare Filtrat nach Erwärmungsprobe 1.

b) Man wählt eine andere Salzlösung als Reagens, die in der Kälte keinen Niederschlag ergibt und verfährt weiter nach Erwärmungsprobe 1.

---

[1] Auch Polyalkyleniminaddukte geben meist positive Reaktion.

Prüfung Nr. 9

Flüchtige organische Säure-Probe.

1. Reagenzien:

a) Konz. Phosphorsäure,
b) Blaues Lackmuspapier.
c) Fein gekörntes Silber.

2. Ausführung der Probe: Man versetzt etwa 3 ml der wäßrigen Lösung der zu prüfenden Substanz mit 1 ml konz. Phosphorsäure, etwas Silber und erhitzt zum Sieden. Wenn ein angefeuchteter Streifen blauen Lackmuspapiers gerötet wird, gilt die Probe als positiv (+).

Oft kann man dann durch den Geruch die Säure erkennen.

Prüfung Nr. 10

Fluorol 5G-Probe.

Die Probe dient zur raschen Orientierung, ob bei einer sauren Verkochung mit Schwefelsäure 1 : 3 Fettsäuren oder Fettalkohole abgespalten oder ob nur die entsprechenden Säuren der anioncapillaraktiven Substanzen in Freiheit gesetzt worden sind.

1. Reagenzien:

a) Schwefelsäure 1 : 3,
b) Fluorol 5G-Pulver[1].

2. Ausführung der Probe: Man verkocht etwa 3 ml der wäßrigen Lösung mit demselben Volumen Schwefelsäure 1 : 3 einige Minuten. Bei Alkoholsulfonaten, sulfonierten Türkischrotölen und Fettsäureäthylenoxydaddukten ist dabei praktisch nach etwa 3 min jede Schaumbildung verschwunden. Schäumt die Lösung dennoch, so sind neben diesen Verbindungen noch andere nicht zerlegbare capillaraktive Substanzen vorhanden.

Nun gibt man in die Lösung einige Milligramme Fluorol 5G-Pulver, kocht kurz auf, kühlt ab und betrachtet unter der Ultra-Analysenlampe. Sind Fettsäuren oder Fettalkohole abgespalten worden, dann lösen diese das Fluorol 5G auf und die ganze Lösung fluoresziert hellgelbgrün. Im anderen Falle sieht man nur einzelne Punkte von Fluorol 5G gelbgrün fluoreszieren, weil keine Lösung erfolgt ist. Auch diese Reaktion muß man praktisch erproben. Sie leistet dann aber gute Dienste.

Prüfung Nr. 11a

Heteropolysäureprobe 1.

Die Probe gibt positive Reaktion (+) bei den Polyalkyleniminen, bei den Polyalkyleniminaddukten und den kationcapillaraktiven (Ia) Verbindungen, auch wenn sie oxäthyliert sind. Die übrigen capillaraktiven Stoffe ergeben negative Reaktion (—).

1. Reagenzien: 5%ige wäßrige Lösung von Kieselwolframsäure, Phosphorwolframsäure oder Phosphormolybdänsäure, mit Natronlauge gegen Universalindikatorpapier Merck auf p_H 4—5 gestellt[2]. (Wenn nötig filtriert.)

2. Ausführung der Probe: Einige ml der zu prüfenden Substanz werden tropfenweise mit einem der Reagenzien versetzt. Das Auftreten einer dicken, weißen Fällung bedeutet positive Reaktion (+).

[1] BASF, Ludwigshafen a. Rh.

[2] Es ist wichtig, reine Reagenzien pro analysi zu verwenden, die vor allen Dingen salzfrei sein müssen.

Prüfung Nr. 11b

Heteropolysäureprobe 2.

Die Probe ist positiv von Polyglykol Mol 194 (Tetraäthylenglykol) an, bei den Polyalkyleniminen[1], beim Diäthylenglykolmonobutyläther, bei allen kationcapillaraktiven (Ia) Verbindungen und bei allen Polyalkylenoxydaddukten (Ic). In Verbindung mit der Heteropolysäureprobe 1 ist sie daher differentialdiagnostisch zu verwerten.

1. Reagenzien:

a) 5%ige wäßrige Lösung von Kieselwolframsäure, Phosphorwolframsäure oder Phosphormolybdänsäure.

b) Eine Mischung von gleichen Volumenteilen Salzsäure 1 : 4 und Bariumchlorid 10%ig.

2. Ausführung der Probe: Falls die Heteropolysäureprobe 1 negativ ausfällt, setzt man tropfenweise Reagens b) zu. Bleibt die Reaktion negativ, so sind die oben genannten capillaraktiven Verbindungen sicher nicht vorhanden. Entsteht jedoch eine dicke, weiße Fällung, so kann die Reaktion noch nicht positiv auf die Anwesenheit dieser Verbindungen gewertet werden, weil es sich vielleicht nur um anionaktive Verbindungen handelt, die durch das Reagens b) gefällt werden. In diesem Falle muß man die Prüfung noch einmal neu ansetzen. Man versetzt einige ml der zu prüfenden Lösung mit ebensoviel ml Reagens b). Entsteht dabei keine Fällung, fügt man Reagens a) zu. Entsteht jetzt eine starke weiße Fällung, ist die Heteropolysäureprobe 2 positiv (+). Entsteht dagegen mit Reagens b) allein schon eine Fällung, gibt man solange Reagens zu, als noch eine weitere Fällung zu bemerken ist, so daß man am Ende einen Überschuß von Reagens b) im Reaktionsgemisch hat. Nun wird filtriert (vorheriges Erwärmen und Abkühlen ist manchmal zweckmäßig) und das klare Filtrat mit Reagens a) geprüft. Eine starke weiße Fällung bedeutet nunmehr positiven Ausfall (+) der Heteropolysäureprobe 2.

Prüfung Nr. 12a

Jodprobe 1.

Die Reaktion ist positiv (+) vom Polyäthylenglykol Mol 194 ab, bei Polyäthyleniminen, beim Diäthylenglykolmonobutyläther, den kationcapillaraktiven Verbindungen (auch oxäthyliert) (Ia) und allen Polyalkylenoxydaddukten (Ic)[1].

1. Reagenzien: Etwa 0,1 n Jodlösung mit ungefähr 12,7 g Jod und 25 g Jodkalium im Liter.

2. Ausführung der Probe: Ungefähr 2 ml der wäßrigen Lösung der zu prüfenden Substanz werden allmählich mit der Reagenslösung versetzt. Meist sind etwa 5—15 ml erforderlich. Die Reaktion ist positiv (+), wenn ein oranger, brauner, sepiafarbiger oder schwärzlicher, dicker Niederschlag entsteht, dessen Ausbildung manchmal einige Minuten Zeit erfordert und durch Schütteln begünstigt wird.

Anmerkung 1: Man kann diese Probe auch ausgezeichnet verwenden zur Unterscheidung von Polyalkylenoxydaddukten vom Oxäthylierungsgrad bis zu etwa 10 und solchen über 10. Einige ml der wäßrigen Lösung der ersteren ergeben nämlich auf Zusatz schon eines einzigen Tropfens obigen Reagenses eine gelblichweiße Fällung, während die letzteren etwa 5—7 Tropfen Reagens verbrauchen, bis eine bräunliche Trübung und Ausscheidung zu erkennen ist. Man sieht bei ihnen, wie sich der anfänglich entstehende Niederschlag immer wieder beim Umschütteln löst. Sind nun beide Verbindungsklassen nebeneinander vorhanden, so bewirken schon

---

[1] Polyalkyleniminaddukte bzw. Polyalkyleniminderivate (Ib) geben ebenfalls positive Reaktion.

relativ kleine Mengen von höher als 10 oxäthylierten Produkten die eben beschriebene Erscheinung. Hat man also nach dem Schema S. 139 das Reaktionsbild (6) oder (6+7) erhalten, so kann man auf diese Weise ohne Weiteres feststellen, ob nur (6) allein oder auch Verbindungen nach (7) vorhanden sind.

Anmerkung 2: Bei Polyalkyleniminaddukten liegen die Verhältnisse ähnlich. Nur entsteht hier nicht eine gelblichweiße sondern eine braunrote Fällung.

Prüfung Nr. 12b

Jodprobe 2.

Über ihren Ausfall gilt das bei Jodprobe 1 Gesagte. Darüber hinaus ist die Jodprobe 2 auch schon eben positiv beim Polyäthylenglykol Mol 150 (Triäthylenglykol)[1] und beim Äthylenglykolmonobutyläther[2].

1. Reagenzien:

a) Etwa 0,1 n Jodlösung mit ungefähr 12,7 g Jod und 25 g Jodkalium im Liter.

b) Ein Gemisch gleicher Teile von Salzsäure 1 : 4 und 10%iger Bariumchloridlösung.

c) 75 Teile Reagenslösung a) werden mit 25 Teilen Reagenslösung b) gemischt.

2. Ausführung der Probe: Etwa 2 ml der wäßrigen Lösung der zu prüfenden Substanz werden allmählich mit der Reagenslösung c) versetzt. Meist sind etwa 5 bis 15 ml erforderlich. Die Reaktion ist positiv (+), wenn ein oranger, brauner, sepiafarbiger oder schwärzlicher, dicker Niederschlag entsteht.

Anmerkung 1: Soweit anioncapillaraktive Stoffe, wie z. B. Seifen durch Säuren zerlegt werden, geben sie mit sauren Reagenzien natürlich positive Reaktion.

Anmerkung 2: Vor Ausführung der Probe muß man sich überzeugen, ob die zu untersuchende Lösung etwa schon mit dem Reagens b) allein einen Niederschlag ergibt. Ist dies der Fall, sorgt man für einen Überschuß des Reagenses, filtriert und prüft im Filtrat weiter.

Prüfung Nr. 12c

Jodprobe 3.

Die Probe ist positiv nur bei ternären und quarternären kationcapillaraktiven Stoffen.

1. Reagenzien: Eine bei Zimmertemperatur durch maschinelles Schütteln hergestellte wäßrige gesättigte Lösung von Jod in destilliertem Wasser[3]. (In brauner Flasche aufzubewahren!)

2. Ausführung der Probe: Man versetzt etwa 1 ml der wäßrigen Lösung der zu prüfenden Substanz mit der Reagenslösung. Die Reaktion ist positiv (+), wenn die Lösung dabei trüb wird und sich allmählich innerhalb einiger Minuten eine starke gelbliche kolloidale Ausscheidung oder ein Niederschlag bildet. Wegen der geringen Konzentration des Reagenses sind manchmal bis zu 20 ml und etwas Zuwarten erforderlich.

---

[1] Möglicherweise rührt diese Reaktion von einem geringen Gehalt des von uns untersuchten Triäthylenglykols an Tetraäthylenglykol her.

[2] Polyalkyleniminaddukte bzw. Polyalkyleniminderivate geben ebenfalls positive Reaktion.

[3] An Stelle von Jodwasser oder zusätzlich kann man auch einige Körnchen festes Jod verwenden.

Prüfung Nr. 12d

Jodprobe 4.

Die Jodprobe 4 benutzt dasselbe Reagens wie die Jodprobe 3, aber in ganz anderer Anwendungsweise. Sie dient dazu, die Länge der Kohlenwasserstoffreste festzustellen.

1. Reagenzien:

a) Eine bei Zimmertemperatur durch maschinelles Schütteln hergestellte wäßrige gesättigte Lösung von Jod in destilliertem Wasser. (In brauner Flasche aufzubewahren.)

b) Eine 1%ige wäßrige Lösung von löslicher Stärke pro analysi. (Die Lösung ist, gut verschlossen etwa 10 Tage haltbar.)

2. Ausführung der Probe: Man versetzt 1—2 ml der wäßrigen Lösung des Methanolextraktes der zu prüfenden Substanz mit derselben Menge Stärkelösung und schüttelt gut durch. Nunmehr versetzt man tropfenweise mit dem Jodreagens, bis eine eben deutlich sichtbare Jod-Stärke-Färbung auftritt. Ungesättigte, phenolische und naphtholische Kohlenwasserstoffreste verbrauchen oft Jod, was man daran sieht, daß die an der Einfallstelle des Reagenses sich bildende Färbung beim Schütteln wieder verschwindet. Man vermerkt diesen Jodverbrauch als Untersuchungsbefund und fügt so lange Jodreagens zu, bis die Farbe wenigstens 1 min bestehen bleibt.

Nekale, Majamine, Leonile, Alkylphenol- und Alkylnaphtholäthylenoxydderivate, Sulfodicarbonsäureester, also alle Verbindungen mit relativ kurzem Kohlenwasserstoffrest ergeben bei dieser Prüfung eine rein blaue Farbe.

Phenylmepasinsulfonate und ähnlich gebaute aliphatisch-aromatische Verbindungen werden violett. Verbindungen mit langen Fettsäure- und langen Fettalkoholresten ergeben eine weinrote Farbe. Mersolate, die vorwiegend Monosulfosäure enthalten, sind weinrot bis schwach violett. Enthalten sie viel Disulfosäuren, geht die Farbe mehr nach violettblau, bei Di- bzw. Trisulfosäuren in blau über.

Prüfung Nr. 13a

Kaliumpermanganatprobe 1.

Die Probe dient zum Nachweis ternärer und quarternärer kationcapillaraktiver Verbindungen.

1. Reagenzien: 0,05 n Kaliumpermanganatlösung.

2. Ausführung der Probe: Man versetzt etwa 20 ml der wäßrigen Lösung tropfenweise mit dem Reagens, bis sich die ausfallende violette, weinrote oder braunrote Fällung nicht mehr verstärkt. Läßt man durch das Reaktionsgemisch nunmehr etwa 5—10 ml Chloroform durchfallen oder schüttelt man mit diesem kurz durch, so färbt sich die Chloroformschicht rot bis rotviolett. Die Reaktion ist positiv (+) bei den oben genannten Verbindungen.

Prüfung Nr. 13b

Kaliumpermanganatprobe 2.

Die Probe gibt Aufschluß über die Anwesenheit von ungesättigten Fettalkoholen und Fettsäuren, Alkylolaminderivaten und leicht oxydierbaren Verbindungen.

1. Reagenzien: Man mischt 25 ml gesättigte Kaliumpermanganatlösung mit 200 ml destilliertem Wasser und fügt 25 ml 40%ige Natronlauge zu.

2. Ausführung der Probe: 0,5 ml der wäßrigen Lösung werden mit 5 ml des Reagenses versetzt und geschüttelt. Bei Mersolaten, bei Fettalkoholsulfonaten mit gesättigten Fettalkoholen, bei Seifen mit gesättigten Fettsäuren, bei Igepon A- und Igepon T-ähnlichen Verbindungen mit gesättigten Fettsäuren und bei Kondensationsprodukten von gesättigten Fettaminen mit Oxymethansulfosäuren, bleibt die

Farbe des Reagenses sehr lange (mehrere Stunden) praktisch unverändert. Alkylolaminderivate schlagen fast momentan nach grün um. Nekale und Phenylmepasinsulfonate gehen in kurzer Zeit über blau, blau- grün nach grün. Dasselbe gilt von Produkten mit ungesättigten Fettsäuren.

Es ist unbedingt nötig, die Methanolextrakte sehr gut zu trocknen, um alle Lösungsmittel, die sonst die Reaktion fälschen könnten, zu entfernen.

Prüfung Nr. 14

Kationprobe.

Die Probe ist spezifisch für anioncapillaraktive Verbindungen und für sulfonierte Polyalkylenoxyd- und Polyalkyleniminaddukte, die durch die Sulfonierung zu anioncapillaraktiven Stoffen geworden sind. Alle anderen capillaraktiven Stoffe geben die Reaktion nicht.

1. Reagenzien:

a) *organische:* 1%ige wäßrige, klar filtrierte Lösungen von „Solidogen BSE“[1], „Levogen WW“, „Eulan NKFW“, „Zephirol“, „Luresin“ usw.

b) *anorganische:*

1. Je 12 g „Blancorol B“, „Tonalon G“ oder „Curtaform“ in 200 g Wasser, klar filtriert.

2. 25 ml Liquor Aluminii acetici DAB VI (Essigsaure Tonerde) mit dest. Wasser zu 250 ml verdünnt.

2. Ausführung der Probe: Einige ml der wäßrigen 1%igen Lösung des Methanolextraktes werden tropfenweise mit einem der oben angegebenen Reagenzien versetzt. Bei Anwesenheit von anioncapillaraktiven Salzen entsteht meist an der Einfallstelle der Tropfen sofort eine weiße bis gelblichweiße Fällung, die sich bei weiterer Zugabe des Reagenses verstärkt. Oft löst sich die anfangs entstandene Fällung sofort wieder auf und bleibt erst bestehen, wenn eine gewisse Menge Reagens zugegeben ist. Die Menge der Ausscheidung durchläuft ein Maximum, d. h. wenn dieses überschritten ist, wirkt weitere Reagenszugabe wieder lösend auf den entstandenen Niederschlag ein[2]. Die Reaktion wird als positiv (+) bezeichnet, wenn überhaupt eine starke Trübung oder Fällung eintritt und als negativ (—), wenn die Lösung klar bleibt. Bei trüben Untersuchungslösungen setzt man einen Blindversuch daneben an, indem man dieselbe Menge der Untersuchungslösung mit genau so viel Wasser verdünnt, als man Reagenslösung zugesetzt hat. In vielen Fällen gelingt es auch, die Untersuchungslösung durch vorsichtiges Erhitzen bis zum Sieden als klare Lösung zu bekommen. Man kühlt dann rasch, ohne zu schütteln, ab und führt anschließend sofort die Reaktion aus. Auch eine Verdünnung mit demselben Volumen Wasser führt manchmal zum Ziel.

Anmerkung: Wenn die Untersuchungsprobe aus einer Anion-Kation-Substanz besteht, die aber durch die Zufügung einer größeren Menge kationaktiver Substanz löslich gemacht wurde, so ergeben die oben genannten organischen Reagenzien negative Reaktion. Hier gelingt es dann oft mit einem der anorganischen Reagenzien, vorzugsweise Blancorol B oder einer der im Text genannten anderen Proben doch noch positive Reaktion und damit den Nachweis der anioncapillaraktiven Substanz neben dem vorhandenen Überschuß an kationcapillaraktiver Substanz zu erhalten.

---

[1] Bezüglich der Verwendung von Solidogen BSE siehe J. A. VAN DER HOEVE: Rec. Trav. chim. Pays-Bas **67**, 649 (1948).

[2] Bei den organischen Reagenzien in viel stärkerem Maße, als bei den anorganischen Fällungmitteln.

Prüfung Nr. 15

Mayers-Reagens-Probe.

Die Probe zeigt positiven Ausfall bei Polyalkylenoxyden vom Mol 810 ab, bei Polyalkyleniminen, Polyalkyleniminaddukten, allen ternären und quarternären kationcapillaraktiven Verbindungen und allen Polyalkylenoxydaddukten, sofern sie nicht sulfoniert sind (Ia—c).

1. Reagenzien: 1,355 g Quecksilber-II-chlorid und 5 g Jodkalium werden in etwa 30 ml Wasser gelöst und mit Wasser auf 100 ml aufgefüllt.

2. Ausführung der Probe: Man versetzt einige ml der zu prüfenden Lösung tropfenweise unter Umschütteln mit der Reagenslösung. Das Auftreten einer starken weißen Fällung bedeutet positive Reaktion (+).

Prüfung Nr. 16

Nitrazol CFK- und Echtrot AL-Probe.

1. Reagenzien:

a) 2%ige wäßrige, filtrierte Lösung von Nitrazol CFK.

b) 2%ige wäßrige, filtrierte Lösung von Echtrot AL. (Die Lösungen sollen im allgemeinen nicht älter als 1 Std verwendet werden.)

2. Ausführung der Probe:

a) *Mit Nitrazol CFK:* Nitrazol CFK gibt in Gegenwart von genügend Natriumbicarbonat mit den meisten anioncapillaraktiven Verbindungen weiße bis schwach gelbliche Niederschläge. Enthält die untersuchte Probe aber Ammonsalze, so entsteht eine intensiv rotorange Färbung. Monoäthanolamin gibt eine intensiv gelbe, Diäthanolamin eine fahlgelbe und Triäthanolamin keine Färbung bzw. Fällung.

b) *Mit Echtrot AL:* Echtrot AL gibt in Gegenwart von genügend Magnesiumoxyd mit den meisten anioncapillaraktiven Verbindungen weiße bis schwach gelbliche Niederschläge. Enthält die untersuchte Probe aber Ammonsalze, so entsteht eine intensiv rote Färbung. Monoäthanolamin gibt eine rotbraune, Diäthanolamin eine stark gelbe und Triäthanolamin eine gelbbraune Färbung bzw. Fällung.

Kresolhaltige Waschmittel ergeben mit beiden Reagenzien stark rotgefärbte Niederschläge. Ebenso erkennt man die Anwesenheit von Nekalen, Phenylmepasinsulfonaten, oxäthylierten Alkylphenolen und Alkylnaphtholen an dem Auftreten von gelben bis rotorangen bis roten Färbungen bzw. Niederschlägen. Die Phenylmepasinsulfonate unterscheiden sich dabei deutlich von den Nekalen[1]. Es ist nötig, sich auf diese Unterschiede an Hand von Typmustern etwas einzuarbeiten.

Prüfung Nr. 17

Nitrierprobe.

Die Probe dient zum Nachweis aromatischer Kerne.

1. Reagenzien:

a) Konz. Salpetersäure.
b) Konz. Schwefelsäure.
c) 10%ige Natronlauge.
d) Aceton rein.

2. Ausführung der Probe: Man übergießt in einem Reagensglas von etwa 20 ml Inhalt etwa 0,1—0,2 g Substanz mit 2 ml konz. Salpetersäure und 2 ml konz. Schwefelsäure (nicht umgekehrt) und erhitzt über freier Flamme (Abzug) etwa 5 min zum gelinden Sieden, wobei man bei zu kräftiger Reaktion vorübergehend aus

[1] J. A. VAN DER HOEVE: Rec. Trav. chim. Pays-Bas **67**, 649 (1948) benutzt Echtrot AL in seinem „Diazotest" zum Nachweis von Naphthalinkernen in Textilhilfsmitteln.

der Flamme geht. Dann kühlt man das Reaktionsgemisch unter der Wasserleitung ab. Aromatische Kerne, wie Benzol-, Naphthalin-, Phenol- und Naphtholverbindungen geben sich meist schon dadurch zu erkennen, daß das Reaktionsgemisch eine intensiv gelborange oder rote Lösung annimmt und sich meist gleichartig gefärbte Öle abscheiden, während rein aliphatische Verbindungen höchstens eine ganz schwache Gelbfärbung ergeben. In ein Reagensglas von etwa 65—70 ml Inhalt gibt man 20 ml einer Mischung von Aceton und Wasser 1 : 1, schüttelt das Reagensglas mit dem Nitriergemisch kräftig durch und gibt einige Tropfen des Nitriergemisches zu der Acetonlösung, die sich bei Gegenwart von Aromaten dabei schwach gelb färbt. Nun gibt man aus einem Tropffläschchen tropfenweise 10%ige Natronlauge unter gutem Schütteln zu, bis das Reaktionsgemisch sich färbt. Ein zu großer Überschuß an Natronlauge ist zu vermeiden. Meist sieht man an der Einfallstelle des Tropfens schon die beginnende Färbung, die aber beim Schütteln zunächst wieder verschwindet. Man gibt so lange Natronlauge zu, bis die Färbung bestehen bleibt. Naphthole geben die dunkelste: fast violette Färbung; dann folgen die Naphthalinkerne und Phenole. Benzolkerne geben meist nur eine, aber deutlich wahrnehmbare Orangefärbung. Die Färbungen sind nicht allzulange beständig, sondern schlagen allmählich nach gelb oder braun um.

Prüfung Nr. 18

Nitroprussidprobe.

Die Probe ist spezifisch (+) für ternäre und quarternäre kationcapillaraktive Verbindungen und für Polyalkyleniminaddukte. Alle anderen capillaraktiven Stoffe ergeben negativen Ausfall (—).

1. Reagenzien: 5%ige wäßrige Lösung von Nitroprussidnatrium $[Fe(CN)_5NO]Na_2+2H_2O$, jeweils frisch bereitet.

2. Ausführung der Probe: Die wäßrige Lösung der zu prüfenden Substanz wird tropfenweise mit der Reagenslösung versetzt. Das Auftreten eines starken orangefarbigen Niederschlags bedeutet positive Reaktion (+).

Prüfung Nr. 19

Prüfung auf Fettsäuren und Fettalkohole.

Die Probe dient dazu, nach saurer oder alkalischer Verkochung festzustellen, ob dabei Fettalkohole oder Fettsäuren oder beide nebeneinander abgespalten wurden.

1. Reagenzien:

a) 0,1%ige ätherische Lösung von Schwarzbase BB[1].

b) Äther, säurefrei, über Ätzkali destilliert und über Ätzkali aufbewahrt. Auch zur Herstellung des Reagenses a) ist solcher Äther zu verwenden.

c) Methanol gegen Methylorange genau neutral gestellt.

d) 0,05 n Natronlauge.

2. Ausführung der Probe:

a) *Bei saurer Verkochung:* Die abgekühlte saure Verkochung wird im kleinen Scheidetrichter mit Äther ausgeschüttelt. Nach dem *guten* Absitzenlassen gießt man den Äther von oben in ein Reagensglas ab. Nun setzt man 2 Tropfen Methylorangelösung zu, die zu Boden fallen und sich in den meisten Fällen durch Spuren mitgerissener Schwefelsäure rot färben. Unter kräftigem Umschütteln neutralisiert man tropfenweise mit 0,05 n Natronlauge. Man schüttet den Äther von der wäßrigen Phase in ein zweites Reagensglas ab und gibt einige Tropfen der Schwarzbase BB-Lösung und etwa dieselbe Menge Methanol zu. Bei Anwesenheit von Fettsäuren ist

[1] BASF, Ludwigshafen a. Rh.

die Lösung blau gefärbt[1]. Fettalkohole ergeben eine rote Färbung. Erhält man also eine rote Färbung, dann weiß man, daß keine Fettsäure abgespalten worden ist. Die Rotfärbung würde jedoch auch bei Abwesenheit von Fettalkoholen entstehen. Man muß die Fettalkohole also noch nach der Fluorol 5G-Probe nachweisen. Man kann auch so verfahren, daß man die ätherische Lösung mit verdünnter Natronlauge durchschüttelt und den Äther abtrennt. Zeigt der Äther dann unter der Ultra-Analysenlampe eine starke Fluorescenz, so kann man mit Sicherheit auf die Anwesenheit von Fettalkoholen schließen.

b) *Bei alkalischer Verkochung:* Bei alkalischer Verkochung äthert man zunächst alkalisch aus. Der Äther würde die abgespaltenen Fettalkohole enthalten, deren Nachweis wie oben beschrieben, erfolgen kann. Dann säuert man an und äthert erneut aus, um die eventuell abgespaltenen Fettsäuren in den Äther zu bekommen, die man dann genau wie oben beschrieben nachweisen kann.

Prüfung Nr. 20

Salicylaldehydprobe.

Die Reaktion dient zum Nachweis verschiedener Verbindungstypen.

1. Reagenzien:

a) 10%ige Lösung von Salicylaldehyd in Methanol.
b) konz. Schwefelsäure.
c) Methanol-Wasser-Mischung (90 Vol.Teile Methanol, 10 Vol.Teile dest. Wasser).

2. Ausführung der Probe: Man gibt in ein weites Reagensglas von etwa 65 bis 70 ml Inhalt (Durchmesser etwa 24 mm) 2 ml der methanolischen Lösung, 10 ml 90%iges Methanol und 1 ml Salicylaldehydlösung. Während das Reagensglas ruhig steht, gibt man mittels einer Pipette 9 ml konz. Schwefelsäure in dem Tempo zu, daß das Methanol zum Sieden kommt, aber nicht überkocht. Nunmehr wird das Reaktionsgemisch einen Augenblick kurz durchgeschüttelt. Man beurteilt die auftretende Färbung sofort und nach etwa einer Stunde. Je nach der Natur der capillaraktiven Substanz entstehen ganz charakteristische Färbungen. Mit oxäthylierten, auch sulfonierten Alkyl*phenolen* entsteht sofort eine violette Lösung, die nach einer Stunde stark violett geworden ist. Die Lösung bleibt völlig klar, während bei Alkyl*naphtholen* sepiaartige Färbung auftritt, die nach einer Stunde wie stark grünfluorescierendes Schmieröl aussieht. Fettalkoholsulfonate und Fettalkoholäthylenoxydprodukte geben, wenn sie gesättigt sind, nur klare, strohgelbe, später blaßgrüne Färbungen. Fettsäurehaltige Produkte, wie Seifen, Igepon A- und Igepon T-ähnliche Körper, Fettsäureäthylenoxydaddukte usw. verhalten sich wie die Fettalkohole, sind aber trüb.

Türkischrotöle verhalten sich wie ungesättigte Fettalkohol-Fettsäure-Produkte, Prästabitöl ist nach einer Stunde rein grau.

Kolophoniumseife ergibt ein kräftiges Rot, Naphthenseife nur ein schwaches Hellblaurotgrau. Bei den Igeponen sind die Lösungen klar.

Mersolate sind erst hellrosa, dann klar hellsepia. Nekalähnliche Körper sind anfangs hellgelbgrün, später hellgrün.

Über das Verhalten der Sulfobernstein- und Sulfophthalsäureester siehe im Textteil S. 161.

Alkylarylsulfonate mit langem Alkyl sind bei Aryl-Naphthyl gelbgrün, später trüb hellgrün, bei Aryl-Phenyl sepia, später sepia mit grünlicher Aufsicht. Phenol- oder Kresol-haltige Produkte ergeben rosa bis violettrosa Färbungen.

[1] Vermutet man die gleichzeitige Anwesenheit von Fettsäuren und Fettalkoholen, dann macht man zweckmäßig nach der sauren Verkochung alkalisch und verfährt nach b.

Man kann an Stelle des Salicylaldehyds auch Formaldehyd oder Furfurol verwenden, wobei sich naturgemäß etwas andere Farben ergeben, die aber ebenfalls für die einzelnen Verbindungsklassen charakteristisch sind. Es ist zweckmäßig, sich das Ergebnis dieser Reaktion an Hand von genau bekannten Substanzen einzuprägen. Sie gibt dann sehr gute Aufschlüsse bei der Analyse unbekannter Substanzen.

Prüfung Nr. 21

Salpetersäureprobe.

Diese Probe läßt rasch oxäthylierte Alkylnaphtholderivate sowie Nekale und Phenylmepasinsulfonate erkennen.

1. Reagenzien: Salpetersäure 1 : 1.

2. Ausführung der Probe: Man versetzt 0,5 ml der methanolischen Lösung mit 3 ml Reagens und schüttelt bei Zimmertemperatur gut durch. Sind oxäthylierte Alkylnaphthole vorhanden, färbt sich die Lösung stark gelb. Tritt nur eine Spur gelblicher Färbung auf, dann deutet dies auf die Anwensenheit von Phenylmepasinsulfonat. Unter der Ultra-Analysenlampe fluorescieren die oxäthylierten Alkylnaphthole nicht, „Nekal BX“ und Phenylmepasinsulfonat dagegen leuchtend gelbgrün. Manchmal ist es zweckmäßig, die Lösung eben zum Sieden zu erhitzen, abzukühlen und noch einmal unter der Ultra-Analysenlampe zu betrachten. Mersolate neben Nekalen oder Phenylmepasinsulfonaten werden bei dieser Prüfung dadurch erkannt, daß sich am Rande der gelbgrün leuchtend fluorescierenden Flüssigkeit ein blau fluorescierender Rand ausbildet. Man kann dies sehr gut beobachten, wenn man nicht in einem Reagensglas, sondern in einem Porzellantiegel arbeitet.

Prüfung Nr. 22

Schwefel-, Phosphor-, Chlor-Probe.

Die Probe dient zum Nachweis von organisch gebundenem Schwefel, Phosphor und nichtionogenem und organisch gebundenem Chlor.

A. Aufschluß (Soda-Salpeterschmelze).

1. Reagenzien: Fein pulverisiertes Gemisch von 1 Gewichtsteil Soda und 3 Gewichtsteilen Natriumnitrat. Das Gemisch darf in salzsaurer wäßriger Lösung mit Bariumchlorid keinen Niederschlag von Bariumsulfat geben und kein Chlorid enthalten.

2. Ausführung des Aufschlusses: In einen Porzellantiegel von etwa 20 ml Inhalt gibt man eine etwa 3 mm dicke Schicht des Reagenses. Auf diese tropft man etwa 5 ml der methanolischen Lösung und überschichtet mit einer etwa 3 mm dicken Reagensschicht. Man stellt den Tiegel in ein Tiegeldreieck und zündet mit Hilfe eines mit Methanol getränkten Fidibusses die entweichenden Methanoldämpfe an. Ist alles Methanol abgebrannt, erhitzt man langsam mit einer Flamme so, daß das Gemisch schmilzt. Die Flamme des Gasbrenners soll nicht über den Rand des Tiegels schlagen, weil deren Abgase meist schweflige Säure enthalten. Nach einigen Minuten hat man eine völlig klare Schmelze. Man läßt erkalten, gibt dest. Wasser bis zur Hälfte des Tiegels zu, erwärmt auf kleiner Flamme zum Kochen, bis alles gelöst ist und filtriert (nur wenn nötig). Das erhaltene Filtrat teilt man in 3 Teile, die man einzeln folgenden Prüfungen unterwirft:

B. Prüfung auf Schwefel:

1. Reagenzien:

a) verdünnte Salzsäure 1 : 4.
b) Perhydrol 30%ig.
c) Bariumchloridlösung 10%ig.

2. Ausführung der Probe: Man säuert mit Salzsäure schwach an, kocht nach Zugabe von einigen Tropfen Perhydrol kurz auf und versetzt mit Bariumchloridlösung. Ein Niederschlag von Bariumsulfat bedeutet positiven Ausfall der Reaktion (+), d. h. die geprüfte Substanz enthält organisch gebundenen Schwefel. Andernfalls wird negative Reaktion (—) vermerkt.

C. Prüfung auf Phosphor:

1. Reagenzien:

a) Ammoniumnitrat fest.

b) Ammoniummolybdatlösung nach WOY: 7 g Ammoniummolybdat werden mit 50 ml dest. Wasser gelöst, 12 ml Salpetersäure (D 1,4) und 7 g Ammoniumnitrat zugesetzt und das Ganze mit dest. Wasser zu 100 ml aufgefüllt.

2. Ausführung der Probe: Man setzt zu der Lösung etwas Ammoniumnitrat, erwärmt auf 60—70° C und prüft mit Ammoniummolybdatlösung nach WOY. Ein gelber Niederschlag zeigt positive Reaktion (+) auf Phosphor an.

D. Prüfung auf Chlor:

1. Reagenzien:

a) Salpetersäure 1 : 4.

b) Silbernitratlösung 10%ig.

2. Ausführung der Probe: Man säuert die Lösung schwach mit Salpetersäure an und versetzt mit Silbernitrat. Eine Fällung bzw. eine sehr starke Opalescenz bedeutet positive Reaktion (+). Eine ganz schwache Opalescenz kann von Spuren Kochsalz herrühren, die aus der Originalsubstanz bei der Extraktion mit Methanol in dieses gelangt sind.

Anmerkung: Will man ganz sicher entscheiden, ob eine bei dieser Probe positiv (+) erhaltene Chlorprobe wirklich von der organischen Substanz herrührt, so fällt man kationcapillaraktive Substanzen quantitativ mit einem chlorion- und chlorfreien, sauren Farbstoff aus und prüft im Filtrat auf Chlor-Ion. Den ausgewaschenen Rückstand kann man trocknen und nochmals nach der obigen Aufschlußmethode prüfen. Bei positivem Ausfall liegt organisch gebundenes Chlor vor.

Bei anioncapillaraktiven Substanzen verfährt man entsprechend mit basischen Farbstoffen. Dasselbe gilt sinngemäß für die Prüfung auf SO_4-Ion und organisch gebundenen Schwefel.

Bei nichtionogenen capillaraktiven Stoffen und bei Polyalkylenoxydaddukten kann man direkt in der wäßrigen Lösung auf Chlor-Ion und SO_4-Ion prüfen.

Prüfung Nr. 23

Schwefelsäureprobe.

Diese Probe läßt oxäthylierte Alkylnaphthole und oxäthylierte Alkylphenole sehr schön erkennen.

1. Reagenzien: Konz. Schwefelsäure.

2. Ausführung der Probe: 0,5 ml methanolische Substanzlösung werden in Eiswasser gekühlt und mit 5 ml eisgekühlter Schwefelsäure versetzt und gut durchgeschüttelt. Man beobachtet dann unter der Ultra-Analysenlampe. Nach einigen Minuten zeigen oxäthylierte Alkylnaphthole eine prachtvolle leuchtend grüngelbe Fluorescenz, während die oxäthylierten Alkylphenole eine moosgrüne Fluorescenz zeigen. Nunmehr stellt man ein Thermometer in das Reagensglas und erhitzt verhältnismäßig rasch bis auf 145° C. Dann geht man sofort aus der Flamme und läßt erkalten. Oxäthylierte Alkylnaphthole werden dabei undurchsichtig grün wie

Schmieröl, während oxäthylierte Alkylphenole dunkelrotbraun werden und schwachen Dichroismus zeigen. Auch jetzt noch sind die Fluorescenzfarben stark verschieden: Grellgelbgrün bis grellblaugrün einerseits und grüngraustichig andererseits.

Prüfung Nr. 24a

Tanninprobe 1.

Die Prüfung fällt positiv aus bei Polyglykolen etwa vom Mol 998 ab, bei den ternären und quarternären kationcapillaraktiven Verbindungen, auch wenn sie oxäthyliert sind, bei allen nicht sulfonierten Polyäthylenoxydaddukten, Polyäthyleniminen und Polyalkyleniminaddukten (Ia—c).

1. Reagenzien: 5%ige wäßrige Lösung von Tannin (Acidum tannicum — Gerbsäure DAB VI) mit n/1 Natronlauge gegen Universalindikatorpapier Merck auf den p_H Wert 7—7,5 gestellt und wenn nötig filtriert.

2. Ausführung der Probe: Einige ml der wäßrigen Lösung der Substanz werden tropfenweise mit der Tanninlösung versetzt. Der Ausfall der Probe wird als positiv (+) angesehen, wenn dabei eine starke — meist milchige — Ausscheidung erfolgt. Manchmal beobachtet man, daß sich die bei den ersten Tropfen an der Einfallstelle bildende Ausscheidung wieder auflöst. Man gibt dann solange Reagens zu, bis sie bestehen bleibt. Hat man etwa dieselbe Menge Reagens wie das Volumen der zu prüfenden Lösung beträgt, zugegeben, ohne daß eine bleibende Ausscheidung erfolgt, so wird die Reaktion als negativ (—) bewertet.

Prüfung Nr. 24b

Tanninprobe 2.

Die Prüfung fällt positiv aus bei Polyglykolen schon vom Mol 392 ab, bei den nicht sulfonierten Polyäthylenoxydaddukten (Ic), Polyäthyleniminen und Polyalkyleniminaddukten (Ib). Sie ist im Gegensatz zu der Ausführungsform 1 negativ bei den ternären und quarternären kationcapillaraktiven Substanzen (Ia)[1].

1. Reagenzien: 5%ige wäßrige Lösung von Tannin (Acidum tannicum — Gerbsäure DAB VI) vom p_H-Wert etwa 2,5, wenn nötig filtriert.

2. Ausführung der Probe: Einige ml der wäßrigen Lösung der Substanz werden tropfenweise mit der Tanninlösung versetzt. Der Ausfall der Probe wird als positiv (+) angesehen, wenn dabei eine starke — meist milchige — Ausscheidung erfolgt. Manchmal beobachtet man, daß sich die bei den ersten Tropfen an der Einfallstelle bildende Ausscheidung wieder auflöst. Man gibt dann solange Reagens zu, bis sie bestehen bleibt. Hat man etwa dieselbe Menge Reagens wie das Volumen der zu prüfenden Lösung beträgt, zugegeben, ohne daß eine bleibende Ausscheidung erfolgt, so wird die Reaktion als negativ (—) bewertet.

Anmerkung: Soweit anioncapillaraktive Stoffe, wie z. B. Seifen durch Säuren zerlegt werden, geben sie mit sauren Reagenzien natürlich positive Reaktion.

Prüfung Nr. 24c

Tanninprobe 3.

Die Prüfung fällt positiv aus bei Polyglykolen vom Mol 392 ab, bei Polyäthyleniminen, Polyalkyleniminaddukten, ternären und quarternären kationcapillaraktiven Stoffen, auch wenn sie oxäthyliert sind und allen Äthylenoxydaddukten, unabhängig vom Oxäthylierungsgrad und der Größe des oxäthylierten Restes und von eventueller Sulfonierung (Ia—c).

[1] Eulan NKFW gibt positive Reaktion.

1. Reagenzien: 5%ige wäßrige Lösung von Tannin (Acidum tannicum — Gerbsäure DAB VI), der gleichzeitig auch 5% Natriumacetat zugemischt sind, vom p_H-Wert etwa 4,5, wenn erforderlich filtriert.

2. Ausführung der Probe: Einige ml der wäßrigen Lösung der Substanz werden tropfenweise mit der Tanninlösung versetzt. Der Ausfall der Probe wird als positiv (+) angesehen, wenn dabei eine starke — meist milchige — Ausscheidung erfolgt. Manchmal beobachtet man, daß sich die bei den ersten Tropfen an der Einfallstelle bildende Ausscheidung wieder auflöst. Man gibt dann solange Reagens zu, bis sie bestehen bleibt. Hat man etwa dieselbe Menge Reagens wie das Volumen der zu prüfenden Lösung beträgt, zugegeben, ohne daß eine bleibende Ausscheidung erfolgt, so wird die Reaktion als negativ (—) bewertet.

Die Kombination der Prüfungen nach 1—3 gestattet eine Differentialdiagnose.

Anmerkung: Soweit anioncapillaraktive Stoffe, wie z. B. Seifen durch Säuren zerlegt werden, geben sie mit sauren Reagenzien natürlich positive Reaktion.

Prüfung Nr. 25

Triglykol-Magnesia-Alkali-Probe.

Diese Probe dient zur Feststellung des Stickstoffgehaltes capillaraktiver Substanzen und gestattet außerdem noch eine Aussage darüber, ob der Stickstoff leicht oder fest gebunden vorliegt[1].

1. Reagenzien:

a) Triaethylenglykol ($OH \cdot CH_2 \cdot CH_2 \cdot O \cdot CH_2 \cdot CH_2 \cdot O \cdot CH_2 \cdot CH_2 \cdot OH$).
b) Magnesiumoxyd fest.
c) Festes Kaliumhydroxyd in Plätzchenform.

2. Ausführung der Probe: 3 ml der methanolischen Lösung werden in einem Reagensglas von etwa 35—40 ml Inhalt (innerer Durchmesser etwa 18 mm) mit 2—3 ml Triglykol versetzt und unter kräftigem Schütteln langsam zum Sieden erhitzt. Die entweichenden Methanoldämpfe zündet man an und läßt sie ruhig abbrennen. (Reinigung des Triglykols siehe Prüfung Nr. 1 u. 26.

a) *Prüfung auf leicht gebundenen Stickstoff, z. B. Ammon- und Aminsalze.*

Wenn das Methanol abdestilliert ist, was man einerseits am Volumen des Reagensglasinhaltes und andererseits daran erkennt, daß die Methanolflamme sehr klein wird bzw. erlischt, gibt man etwa 0,3 g festes Magnesiumoxyd zu (am besten aus einem Röhrchen, damit man die oberen Teile des Reagensglases nicht mit Magnesiumoxyd verunreinigt). Nun prüft man sofort mit einem angefeuchteten roten Lackmuspapier (auch das Universal-Indikatorpapier „Merck" ist sehr gut geeignet) auf das Entweichen von Ammoniak oder leicht flüchtigen Aminen. Sollten diese noch nicht entweichen, so bringt man die Reaktionsflüssigkeit zum Sieden und prüft nochmals. Manchmal ist es nötig einige Minuten zu kochen. Negative Reaktion wird mit —, positive mit + bewertet.

b) *Prüfung auf festgebundenen Stickstoff.*

War die Reaktion mit Magnesiumoxyd positiv, dann kocht man solange, bis die Reaktion negativ ist, was meist nach einigen Minuten der Fall ist. Bei sehr viel leicht gebundenem Stickstoff kann es erforderlich werden, noch einmal 2—3 ml Triglykol- und gegebenenfalls auch etwas Magnesiumoxyd — nachzugeben. Ist die Reaktion mit Magnesiumoxyd absolut negativ geworden, so gibt man zu der siedendheißen

[1] Wir erhielten nach dieser Vorschrift bei allen über 200 untersuchten capillaraktiven Verbindungen immer positive Reaktion, wenn sie N enthielten. Selbst m-nitrobenzolsulfosaures Natrium wird hier noch einwandfrei als N-haltig erkannt.

Lösung etwa 1 g festes KOH (= 7—8 Plätzchen) zu, (vorher hat man sich ein angefeuchtetes Reagenspapier vorbereitet) schüttelt das Reaktionsgemisch, wobei es sehr stark ins Sieden kommt und prüft. Manchmal ergibt sich hierbei schon sofort erneut positive Reaktion, in anderen Fällen muß man noch einige Minuten zum Sieden erhitzen. Man vermerkt wiederum positive (+) und negative (—) Reaktion.

Prüfung Nr. 26

Verseifbarkeitsprobe.

Die Probe dient zum direkten Nachweis der alkalischen Verseifbarkeit und fällt positiv aus bei allen Verbindungen, die Fettsäuren in Esterbindung enthalten. Auch manche amidartige Verbindungen werden gespalten, wobei sich wertvolle Unterschiede dadurch ergeben, ob dies schon in Äthylglykol (S. P. 134° C) oder erst in Glykol (S.P. 197° C), Diglykol (S.P. 245° C) oder Triglykol (S.P. 276° C) als Lösungsmittel erfolgt.

1. Reagenzien:

a) Etwa 0,02 n KOH-Lösung in Äthylglykol ($OH \cdot CH_2 \cdot CH_2 \cdot O \cdot C_2H_5$) gereinigt.

b) Phenolphthaleinlösung (1%ig in Methanol).

c) Wäßrige 1%ige Methylorangelösung.

d) Etwa 0,05 n Palmitinsäurelösung in Äther.

e) Äthylglykol (Siedepunkt 134° C) gereinigt.

f) Äthylenglykol gereinigt (S.P. 197° C).

g) Diäthylenglykol gereinigt (S.P. 245° C).

h) Triäthylenglykol gereinigt (S.P. 276° C).

i) 0,02 n methanolische KOH-Lösung.

Über die Reinigung des Äthylglykols siehe Prüfung Nr. 1 (Äthylglykol-Alkalischmelz- und Kupplungsprobe). Auch die anderen Lösungsmittel sind in derselben Weise zu reinigen. Beim Diäthylenglykol und Triäthylenglykol destilliert man am besten im Vakuum und geht bei der Reaktion mit metallischem Natrium nicht über 100° C. Sowohl zur Herstellung der äthylglykolischen KOH-Lösung als auch bei der Verwendung als Lösungsmittel dürfen nur Produkte verwendet werden, die im Blindwert mit höchstens 2—3 Tropfen äthylglykolischer Alkalilauge dauernd positive Reaktion geben.

2. Ausführung der Probe: Man gibt in ein Reagensglas von etwa 18 mm oberem Durchmesser 3 Glasperlen als Siedeerleichterer und hierauf 3 ml der methanolischen Lösung des Methanolextraktes der zu prüfenden Substanz. Nunmehr fügt man einen Tropfen Methylorangelösung zu. Die Lösung muß gelb bleiben. Würde sie rot, die Lösung also sauer sein, so müßte man mit einer etwa 0,02 n methanolischen KOH-Lösung auf gelb stellen. Nunmehr wird ½ ml der methanolischen Phenolphthaleinlösung zugesetzt. Hierbei darf sich die Lösung nicht röten. Tut sie dies, wird die Rötung eben mit der Palmitinsäurelösung weggenommen. Nach Zusatz von 3 ml Äthylglykol wird der Destillieraufsatz (siehe Zeichnung) aufgesetzt und bei a zugekorkt. Man destilliert aus der meist etwas schäumenden Lösung (Schaum nie höher als bis zur Hälfte des Reagensglases (Marke anbringen) steigen lassen) das Methanol ab. Wenn praktisch alles Methanol abdestilliert und nur noch Äthylglykol vorhanden ist, was man am ganzen Siedeverlauf ohne weiteres bemerkt, entfernt man den Korken bei a und titriert aus einer 10 ml-Bürette mit der etwa 0,02 n äthylglykolischen Kalilauge 4-tropfenweise in die Lösung, die man durch einen klein gestellten Brenner am Sieden hält. Man beobachtet, ob nach den ersten 3—4 Tropfen eine Rotfärbung erfolgt oder ob die äthylglykolische Kalilauge laufend verbraucht wird. Man muß dabei etwas die Zeit in Rechnung setzen, die die Kalilauge zum

Hinunterfließen braucht. Sobald die siedende Lösung eine schwache Rotfärbung angenommen hat, setzt man den Stopfen bei a wieder auf und erhitzt nun nach der Stoppuhr 3 min lang. Bleibt die Rotfärbung bestehen, so liest man den Verbrauch an Kalilauge ab. Verschwindet sie, titriert man nach. Nach jedem Nachtitrieren wartet man noch einmal 2 min. Nach jedem Versuch werden das Reagensglas und die Glasperlen mit Wasser und Methanol gereinigt, das Kondensat wird aus dem Destillieraufsatz abgelassen.

Hat man ein negatives Resultat der Verseifbarkeitsprobe erhalten, so wiederholt man den Versuch am besten gleich mit Triäthylenglykol (Siedepunkt 276° C) als Lösungsmittel. Wird auch hier keine Verseifbarkeit festgestellt, so enthält die

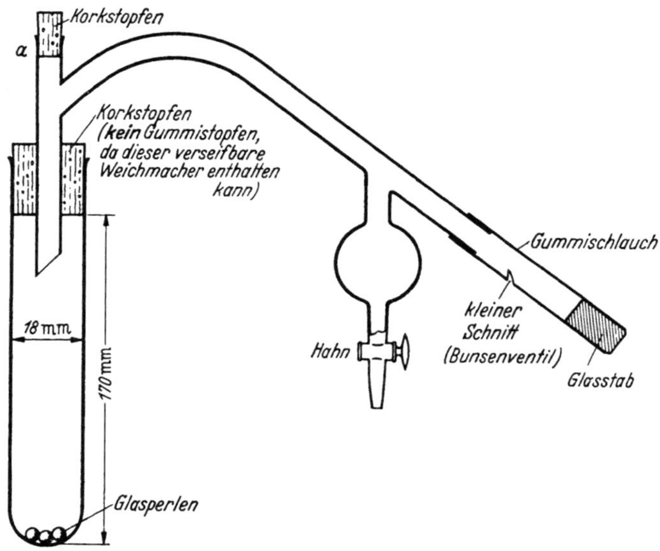

Abb. 1.

Probe sicher keinen abspaltbaren Säurerest. Bei gelegentlich notwendigen feineren Unterscheidungen kann man auch noch Diäthylenglykol (Siedepunkt 245° C) und Äthylenglykol (Siedepunkt 197° C) heranziehen.

Ammonium- und Aminsalze können bei dieser Prüfung eine positive Verseifungszahl vortäuschen. Man muß in diesen Fällen sich dann, wie im Textteil beschrieben, die Alkalisalze für die Prüfung herstellen.

Die Seifen zeigen nach dieser Probe negative Reaktion, mit Ausnahme der Gallenseife.

Dagegen haben alle von uns untersuchten sulfonierten Öle positive Reaktion ergeben, ebenso die Igepon A-ähnlichen Verbindungen. Mersolate, sulfierte Mineralöle, Nekale, Phenylmepasinsulfonate, Mayamin, Ludigol, die Äthylenoxydaddukte und die Fettalkoholsulfonate, soweit sie nicht als Ammonium- oder Aminsalze vorliegen, ergeben negative Reaktion. Interessant ist, daß, wie schon im Textteil erwähnt, und in der Ursache klargelegt, auch Fettsäureäthylenoxydaddukte negativ reagieren. Positiv dagegen reagieren die Sulfodicarbonsäureester, Dekol, Eiweißkondensationsprodukte, Igepon T und die Kondensationsprodukte von Fettsäureamiden mit Oxyalkylsulfosäuren. Bei den Igepon-T-ähnlichen Produkten ist gewöhnlich eine Zunahme der Verseifbarkeit beim Übergang von Äthylglykol zu Triäthylenglykol als Lösungsmittel zu verzeichnen. Ebenso werden die Fettalkoholsulfonate, die mit Äthylglykol als Lösungsmittel negativ reagieren, mit Triäthylenglykol als Lösungsmittel verseift.

Prüfung Nr. 27

Verschiedene Reagenzien und Reaktionen.

1. NESSLERS *Reagens-Probe:* Die übliche Probe mit NESSLERS Reagens ist nicht nur auf Ammonium- und Aminsalze spezifisch, sondern man kann sie sehr gut dazu benutzen, sich rasch über die Anwesenheit ungesättigter oder sonstiger reduzierender Substanzen, wie z. B. von Alkylolaminen, zu orientieren. Kocht man die mit NESSLERS Reagens versetzte Probelösung, so erhält man nämlich in diesen Fällen eine schwarzgraue bis schwarze Fällung, je nach dem Grade der Ungesättigtheit oder der reduzierenden Wirkung. Besonders gut geht die Reaktion, wenn man außer NESSLERS Reagens (etwa gleiche Volumenteile zu untersuchende Probe und Reagens) noch etwa 5—6 Plätzchen festes Kaliumhydroxyd vor dem Kochen zugibt.

2. Essigsäureprobe: Das Reagens für diese Probe ist 5%ige Essigsäure.

3. Gelatine-Kochsalz-Probe: Das Reagens wird wie folgt hergestellt: Man läßt 5 g reine Blattgelatine in 250 ml Wasser quellen und löst dann durch Erwärmen völlig auf. Nach Zusatz von 50 g Kochsalz wird zu 500 ml aufgefüllt.

4. WAGENAAR*sche Prüfung:* Polyglykole mit mindestens 2 Hydroxylgruppen an benachbarten Kohlenstoff-Atomen geben folgende Reaktion: Versetzt man ihre wäßrige Lösung mit etwas Kupfersulfat und dann tropfenweise mit überschüssiger Natron- oder Kalilauge, schüttelt gut durch und filtriert, so entsteht ein blaugefärbtes Filtrat.

5. Probe zum Nachweis von Mono-, Di- und Triäthanolaminsalzen capillaraktiver Substanzen: Etwa 10 ml der wäßrigen Lösung der Substanz werden mit einem kationaktiven Farbstoff, z. B. Rhodulinorange NO gefällt, bis beim Tüpfeln auf saugfähiges Filtrierpapier eben eine Spur Farbstoff im Auslauf zu erkennen ist. Nun setzt man tropfenweise Substanzlösung zu, bis dieser farbige Auslauf gerade wieder verschwunden ist. Man filtriert nun. Das klare Filtrat versetzt man mit etwa $\frac{1}{2}$ g feuchtem, gut ausgewaschenem Silberoxyd, schüttelt einige Minuten kräftig durch und filtriert. Es muß auf jeden Fall ein kräftiger Überschuß von Silberoxyd auf dem Filter vorhanden sein. Das Reagensglas mit der klaren Lösung wird nun in ein Becherglas mit Wasser gestellt, das langsam erhitzt wird. Das Auftreten eines kräftigen, schönen Silberspiegels bei etwa 70° C zeigt die Anwesenheit von Alkylolaminen an.

Dipl.-Chem. Dr. BERNHARD WURZSCHMITT,

BASF-Untersuchungslaboratorium, Ludwigshafen a. Rhein.

MIX
Papier aus verantwortungsvollen Quellen
Paper from responsible sources
FSC® C105338

If you have any concerns about our products,
you can contact us on
ProductSafety@springernature.com

In case Publisher is established outside the EU,
the EU authorized representative is:
Springer Nature Customer Service Center GmbH
Europaplatz 3, 69115 Heidelberg, Germany

Printed by Libri Plureos GmbH
in Hamburg, Germany